未來科學拯救隊③
碧月薄荷大謎團

梁添 著　山貓 繪

新雅文化事業有限公司
www.sunya.com.hk

未來科學拯救隊③
碧月薄荷大謎團

作　　者：梁添
繪　　圖：山貓
策　　劃：黃楚雨
責任編輯：黃楚雨
美術設計：蔡學彰
出　　版：新雅文化事業有限公司
　　　　　香港英皇道499號北角工業大廈18樓
　　　　　電話：（852）2138 7998
　　　　　傳真：（852）2597 4003
　　　　　網址：http://www.sunya.com.hk
　　　　　電郵：marketing@sunya.com.hk
發　　行：香港聯合書刊物流有限公司
　　　　　香港荃灣德士古道220-248號荃灣工業中心16樓
　　　　　電話：（852）2150 2100
　　　　　傳真：（852）2407 3062
　　　　　電郵：info@suplogistics.com.hk
印　　刷：中華商務彩色印刷有限公司
　　　　　香港新界大埔汀麗路36號
版　　次：二〇二二年二月初版

ISBN: 978-962-08-7926-5

目錄

作者的話

梁添博士

　　學生的科學概念並非白紙一張，有時會一知半解，有時會受到「偽科學」資訊所影響，從而帶着各樣科學迷思概念 (misconception) 進入課堂，影響學習成效。有教學研究指出，學生的科學迷思概念難以改變，但很容易被教師忽略，也很容易存在於成積優異的學生心中。

　　不少學者及教師先後提出過各種策略促進學生修正科學概念，筆者一向是科幻小説迷，故嘗試創作以小學生為對象的科幻故事《未來科學拯救隊》，以 60 年後的未來時空為背景，以三位充滿個性的小朋友為主角，加入豐富的插圖，希望幫助讀者建構正確的科學概念，減輕他們害怕科學的心理，並培養閱讀興趣。

　　筆者在創作期間參考了眾多有關科學迷思概念的論文研究成果，得悉幫助學生改變迷思概念需要滿足四個條件：(1) 學生在生活中上因為認知上的衝突，心中的迷思概念無法解釋所遇到的現象，從而感到不滿意；(2) 由專家引入正確的新科學概念；(3) 新概念合理，能夠解釋學生遇到的現象，讓他們替代先前的迷思概念；(4) 新概念具有延伸性，可應用於其他不同的情境。以上這些元素筆者已充分融入內容情節中，希望讀者能感受得到。

　　筆者在一冊的十個章節前後也加入了小專欄，讀者固然可以一氣呵成閱讀整個故事，也可以在閱讀每一個章節前和後，進行自我前測和後測，看看自己有沒有發生「概念改變」，還可以進行親子實驗活動，以鞏固「概念改變」啊！

黃金耀博士
（香港資優教育學苑院長、香港 STEM 教育學會主席）

我認識梁添博士多年，他除了熱衷帶領學生參加各項 STEM 比賽，還在香港新一代文化協會科學創意中心過去主辦的九屆「香港青少年科幻小說創作大賽」中，擔任評審、小說創作工作坊主講嘉賓以及出任作品集的義務主編，積極推動香港學界創作科幻小說之風。

今年欣聞梁博士「評而優則寫」，初試啼聲，創作了未來時空的烏托邦科幻故事，希望幫助讀者改變科學迷思概念，於是我第一時間把作品先睹為快，果然與坊間一般兒童奇幻故事顯著不同。故事內容注重科學根據，對未來科幻因素的描述與解釋也較為詳盡，是有可能發生的預言式作品，能夠讓讀者掌握科學發展的趨勢，流露出作者具有物理學本科背景知識的特色，令讀者在閱讀過程中，好像自己從各種實證方法中獲得「經驗 —— 分析」的科技知識，滿足了自己對控制生活世界所需技術的興趣（來自哈伯馬斯 Habermas 興趣理論），繼而進一步讓讀者思考「科學能為我們做什麼？」

專家判斷一本兒童科學讀物是否優良，有三個簡單的原則：(1) 由科學家的角度看，書中的科學概念是正確的；(2) 由非科學家的角度看，書中的科學概念是清楚可懂的；(3) 由孩子的角度來看，書中清楚的科學概念為他們所能理解與吸收。我分別以科學家、非科學家及孩子的角色閱讀梁博士的作品，確實符合以上三個原則。梁博士從事科學教學多年，對兒童各項科學迷思概念有充分的認識及理解，我誠意推薦本書給各位同學。

李偉才博士（李逆熵）
（香港科幻會前會長）

首先恭喜梁添兄的新作面世。

我是科學兼科幻發燒友，多年來透過不同途徑從事科學普及工作，也致力推動科幻的閱讀和創作。一直以來，我都強調科幻的任務不在於傳播科學知識（這是科普的任務），而是激發讀者對科學的興趣和對未來的想像，特別是反思科學應用對社會可能帶來的影響。

最近收到梁兄傳來的作品，令我對「科普與科幻各司其職」的看法有了點改變，因為這作品的體裁，確實介乎科普與科幻之間。若要為它起一個名稱，我會稱為「故事化科普」。

科普創作用上故事形式已有悠久的歷史，天文學家刻卜勒於 1634 年發表的《夢境》，便借助故事向讀者介紹當時最新的天文知識。較近是物理學家蓋莫夫於上世紀三十至五十年代所寫的《湯普生先生漫遊物理世界》系列。再近一點，物理學家霍金除了較嚴肅的科普著作外，也曾與女兒露茜合著了《喬治探索宇宙奧秘》兒童故事系列。

梁兄的作品與上述作品性質相同的地方是彼此都採用了故事的形式；相異之處則在於，上述作品都集中於一個科學領域，例如蓋莫夫的物理學和霍金的天文學，但梁兄作品中所涉獵的領域則廣泛得多，上至天文下至地理、從物理到化學到生物等無所不包。

其實，我的科普文集也喜歡採取這種不拘一格的跨領域手法（如《論盡科學》和《地球最後一秒鐘》），但沒有把內容以故事形式串連起來。梁兄的「故事化」方法可說是別開生面的嘗試，讀者在追看故事情節的同時，也可沿途吸收各種各樣饒有趣味的科學知識，可說一舉兩得。這種體裁會否被兒童讀者所接受，留待時間的考驗。

香港從事科普寫作的人太少了，歡迎梁添兄以別開生面的方式加入這個行列！

湯兆昇博士
（香港中文大學物理系高級講師、理學院科學教育促進中心副主任）

　　梁博士是一位充滿教育熱誠的老師，多年來用許多富創意的手法，引導年青人學習科學。綜觀現今香港 STEM 教育活動多涉及編程及機械控制等實用技術，甚少觸及基礎科學原理，難以與常規課程連繫，惟梁博士設計的 STEM 活動，能讓學生感受到基礎科學對世界的影響，以活潑的方法學習箇中原理。梁博士更透過科學比賽及各類活動，向廣大教育同工傳授 STEM 活動的心得，實在難能可貴。

　　梁博士一向熱衷於推廣科幻小說，曾多次擔任科幻小說創作的評審及作品編輯。今次率先拜讀他的科幻故事新作，甚感驚喜。新作描述未來少年人的科學歷險，情節豐富吸引，亦包含了各個學科的知識，細節的解釋深入淺出。透過故事中的對話，讓小朋友反思不同說法是否合理，從而澄清一些常見誤解，引入正確的科學原理，處理細節的用心，非坊間一般作品能及。雖然本系列的對象只是小學生，但也大膽觸及不少複雜的課題，例如納米科技、熒光、紫外線和紅外線、重量和質量的分別等等。看到梁博士對這些課題的淺白解釋，感覺煥然一新，相信定能吸引不少富有好奇心的小讀者。我個人期望梁博士的嘗試能開創先河，引領更多教育工作者運用創意，為香港的 STEM 和科學教育帶來新氣象。

序章

地球曆‧公元 2080 年。隨着科技飛躍進步,世界已經全面電腦化,汽車也發展成磁浮交通工具。

需要體力和腦力的工作,全面改用 AI 及機械人代勞。

上世紀的萬維網進化成萬能網,資訊能以極高速流通。

由於人力需求減少,無論上班或上學,都改為「工作一天、休息一天」的模式。市民講求「平衡工作和生活」,所以這制度深受歡迎。

請一天假,便可以連續休息三天!

人類也開始移居到月球,解決了土地資源不足的問題。

月球見!

在這樣的未來世界,人們生活應該完美無憂。但是⋯⋯

由於市民過份依賴電腦，而且人人都可在網上發布資訊，所以資訊真假難分。

所有細菌都有害？

身體重就代表肥胖？

科學知識更混合了大量迷思概念，導致社會出現各種科學罪案和危機。

於是社會上出現不同人士，聲言要提升市民科學水平。

兒科聖手 Dr.O

神農氏大藥廠 新產品

科學家 AM 博士發掘了三名有潛質的孩子，成立了：

未來科學拯救隊

他們甚至代表地球前往月球參加發明大賽。

三人樂而忘返，不願意返回地球。

我要成為編程大師！把 AI DOG 改良吧！

橫掃了金、銀、銅各獎項！

我們要看月球奧運劍擊賽！

今次的事件，正正跟月球奧運劍擊賽大有關連……

9

未來科學拯救隊 人物介紹

AM博士（AM=Anti-Misconception 拆解科學迷思概念）

身分：少年未來科學拯救隊統帥（隊員招募中！）

成就：論文《血紅番茄的初步研究成果》登上《萬能科學報》、與豐色女口教授合力研發「紫月玫瑰」

興趣：天文地理科學科技工程數學歷史文學藝術

AI DOG 及 AI DOG 2 型（量產型 1 至 6 號）

身分：AM 博士的電子寵物兼秘書

功能：連接萬能網、立體投影、錄音、人臉辨識、光速通信器等

施丹（代號：STEM）

身分：少年未來科學拯救隊男隊長、施汀的哥哥

成就：地月盃創新發明大賽銀獎（作品：色盲人士專用眼鏡）

興趣：食、玩、睡覺

施汀（代號：STEAM）

身分：少年未來科學拯救隊女隊長、施丹的妹妹

成就：地月盃創新發明大賽銅獎（作品：太陽能彩虹製造機）

興趣：購物、欣賞浪漫美麗的景物

高鼎（代號：CODING）

身分：少年未來科學拯救隊高隊長

成就：地月盃創新發明大賽金獎（作品：生態背囊防疫氧氣瓶）

興趣：編寫程式、萬能網搜尋、了解雅典娜同學的喜惡

體育館
尋人記
～味道是越聞越香的嗎？

拆解「嗅覺」迷思概念挑戰題

以下有關「嗅覺」的迷思，你認同嗎？
在適當的方格裏加✓吧！

	是	非
A. 人類有一些嗅覺感受器位於口腔的黏膜。	☐	☐
B. 人類的嗅覺是由鼻腔產生的。	☐	☐
C. 狗的鼻黏膜上的嗅覺感受器數目比人類多。	☐	☐
D. 當我們吸氣時，空氣中的氣味粒子會溶解於鼻腔內的黏液中，然後刺激嗅覺感受器。	☐	☐
E. 人們長時間感受到同一香味後，會察覺不到該香味，這就是嗅覺疲勞。	☐	☐

正確資料可在此章節中找到，或翻到第 144 頁的答案頁。

今早，月球寧靜海大學的男生宿舍格外寧靜。未來科學拯救隊的施丹和高鼎經歷了前一晚「紫月玫瑰盜用案」的風波後，心情非常興奮，直到凌晨過後才能放鬆入睡……

2080 年 6 月 22 日 10:00　　**體育新聞報告**　　星期六（休息日）農曆五月初五

第 47 屆月球奧運會第 2 日賽程

今日焦點賽事：上午 11 時

月球劍擊　花劍項目

The Moon 2080

 施丹：已經是早上了嗎？我忘了自己身在月球，還想多睡一會……

 高鼎：對呀，宿舍藏在月球的地底，沒有朝陽照射，根本不知道現在幾點鐘。AI DOG 2 型，你們爬上來要叫我們起牀嗎？

13

AI DOG 2 型不但發出了 0.01 安培的電流，還傳出了人聲。

 早晨！你們一直不回覆，我們用電流終於把你們喚醒了！

 哥哥、高鼎，我們約好跟雅典娜和愛蜜絲姐姐在飯堂一起吃早餐，然後去看月球奧運劍擊賽啊！我們預備好了。

 對不起！雅典娜，我仍然未習慣月球的時間，所以遲了起牀。我們要先去洗手間，給我們一些時間梳洗好嗎？

 不行！你們儘快出來，否則我把觸電信息的電流加倍！

 停手啊，我們馬上出來吧！但是⋯⋯高鼎，AI DOG 2 型何時新增了觸電信息功能的？

 這是我昨晚通宵才寫好的。因為 AM 博士開放了 AI DOG 的原始程式碼，讓我自由修改。**現在每當我們收到觸電信息後 5 秒內不回覆，AI DOG 2 型就會發出電流警告。**

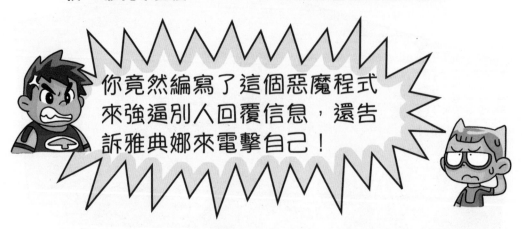

施丹和高鼎匆忙跑到飯堂跟大家會合，然後由義工愛蜜絲姐姐帶領，乘搭磁浮列車前去比賽場地，15 分鐘就到站了。

黑月磁浮鐵路系統　　寧靜海線

愛蜜絲 我們要到新建成的月心吸力劍擊館，那裏跟昨晚的主場館一樣，保持着月心吸力。所以無論觀眾和運動員，進場後都會感受到月球的低重力，很有趣！

施丹 我覺得今屆月球奧運會的標誌更有趣！地球和月球竟然成為了五環的一部分啊！我想把這海報拍照留念……

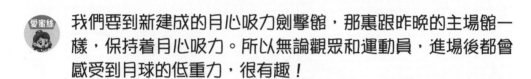

雅典娜 這個標誌到處可見，我們先找座位吧，否則你們會趕不及吃早餐啊！

施丹 放心，我習慣不吃早餐的！

施汀 你看哥哥的身型就知道，他肯定在減肥呀！

眾人好不容易才找到 5 個座位，距離比賽尚有 20 分鐘。

剛才太匆忙，我還沒上洗手間。

終於鬆一口氣，我要去小食部買早餐吃。

那你們先去買早餐和上洗手間，比賽前回來吧！

10分鐘後……

 施汀 哥哥、高鼎聽到嗎?比賽即將開始,你們儘快回來就座,否則我們又要用 AI DOG 2 型傳送觸電信息了!

高鼎 且慢!我快到了,不要再讓我觸電啊!

施丹會不會迷路了?

為什麼施丹還未回覆呢?

……

真奇怪,我已傳送觸電信息,為何他沒有反應呢?

 愛麗絲 真讓人擔心。高鼎、施汀,我們分頭去找他吧!雅典娜你坐在這裏別走,大家保持用 AI DOG 2 型聯絡。

高鼎 剛才施丹說要上洗手間,我到男廁找他吧!施汀,你去女廁找他!

哥哥不可能在女廁吧?我們趕快分頭找找!

＊＊＊＊＊＊

 報告！我在公眾洗手間及運動員洗手間都找不到施丹，然後我跟着電子地圖到了二樓的**後備洗手間**，可是……

 高鼎，後備洗手間怎樣了？

這個後備洗手間很臭！
我不想進去啊！

 現在十萬火急啊！即使臭也要硬着頭皮，你快進去！

 好吧……對了，AI DOG 2 型你不怕臭，你先進去看看！

 知道！施丹，你在裏面嗎？……報告！沒有人回應。

 如果裏面的人失去知覺了，他怎能回應你？你爬進去看看！

 知道！我現在跳進廁格了。

報告！我有發現了……

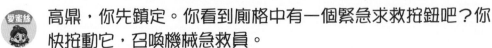

高鼎，你先鎮定。你看到廁格中有一個緊急求救按鈕吧？你快按動它，召喚機械急救員。

我找到了。放心吧愛蜜絲姐姐，我曾經使用過兩次「急救通」程式來拯救 AM 博士，我現在已經很鎮定了。

奧運場館的機械急救員很快會到達，我現在也馬上趕來！

咦？真奇怪！

怎樣了？施丹發生了什麼奇怪事情？

不是施丹奇怪，而是我覺得……這洗手間突然不臭了！

沒理由，洗手間怎會突然不臭？我們聯絡地球的 AM 博士詢問吧！而且我們也要向他報告施丹現時的情況。

 好，AI DOG 2 型，給我們聯絡 AM 博士！

ＡＭ博士的即時立體影像出現了……

嘩！你們怎麼突然騷擾我！

ＡＭ博士竟然在練劍？

 別少看我，我年青時曾是劍擊好手！今日的奧運劍擊賽開始前，我突然興致大發，所以找 AI DOG 它們玩玩罷了！

 博士，閒話休提了，我們在劍擊會場的洗手間發生了兩件怪事！施丹在這裏暈倒了，我正等待救兵趕來；我還失去了嗅覺，感到這個臭臭的洗手間不再臭了。真奇怪！

 博士，味道不應該是越聞越香或越聞越臭的嗎？

施丹暈倒了？他長得白白胖胖，不會有事吧？反而你們對嗅覺充滿迷思，**我就要開始拆解科學迷思概念課程了。**

 AM博士 告訴你！

嗅覺

動物的鼻子可以探測四周的味道，這就是「嗅覺」。別被「嗅」字誤導，它不是只用來聞臭味的，香味都可聞到。

人類鼻腔上方的鼻黏膜長有嗅覺感受器，當空氣通過鼻腔時，空氣中的氣味粒子或化學物質會溶解於鼻腔內的黏液中，然後刺激嗅覺感受器並發出信息，信息便由嗅神經傳到大腦的嗅覺區而令人們產生嗅覺。

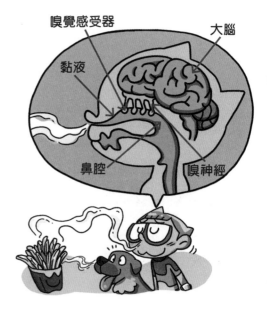

人類的嗅覺感受器超過五百萬個，可辨識一萬種以上的不同氣味。你以為很多嗎？狗有超過三億個嗅覺感受器，所以狗的嗅覺比人類靈敏得多！

孔子早在二千多年前曾說過，人與好人在一起，就像到了長滿芳香花草的房子，時間久了會不覺得香；與壞人在一起，如同走入賣鮑魚（鹹魚）店裏，時間久了會不覺得臭，因為已被味道融和了。

 這是文言文的原句。

子曰：「與善人居，如入芝蘭之室，久而不聞其香，即與之化矣；與不善人居，如入鮑魚之肆，久而不聞其臭。」

當人們持續聞到同一種氣味，嗅覺感受器向大腦不斷發出同一信息，大腦判斷該氣味沒有威脅後，人體為了避免神經系統負荷過重，會發揮自我保護機制，令我們對氣味失去敏感性，這種感覺稱作**嗅覺疲勞**。

 我明白了。高鼎逗留在洗手間太長時間，所以對臭味失去敏感性。我想起媽媽每次噴完香水，過了一會便說沒有香味了。

 對呀！但是高鼎，這個洗手間真的那麼臭嗎？

 你想知有多臭嗎？我可用 AI DOG 2 型把這裏的臭味數碼化，然後傳送出去，給你品嚐一下吧！

博士，臭味值達到**一百萬單位**。

果然好臭！高鼎，恭喜你，你是第一人從月球把臭味採用模擬形式成功傳至地球，締造了世界紀錄！

待續 ➡ 2.

AM博士實驗室 # 嗅覺欺騙味覺小實驗

可以在家中試試啊！

1. 蒙着眼睛騙味覺

所需工具：兩包薯片（一包辣味、一包原味）、眼罩　　所需人數：2人

a. 參加者 A 先用眼罩替參加者 B 蒙着眼睛。

b. 把一塊辣味的薯片給參加者 B 嗅，請他説出薯片是辣味或是原味。

c. 把另一塊原味薯片給參加者 B 吃，請他説出薯片是辣味或是原味。

目的：探究嗅覺如何欺騙味覺。

預測：參加者 B 會被嗅覺欺騙，認為自己吃了辣味的薯片。

2. 張開眼睛騙味覺

所需工具：水杯、一片檸檬（所需人數：1 或 2 人）

a. 把無味的白開水倒進水杯中。

b. 把一片檸檬放在鼻前，不可與杯中的水接觸。

c. 一邊嗅着檸檬味和看着檸檬，一邊喝水，説出水有什麼味道。

目的：探究視覺及嗅覺如何欺騙味覺。

預測：參加者會被視覺及嗅覺欺騙，認為自己喝着檸檬水。

最胖的人是誰？

～身體重就代表肥胖嗎？

拆解「重量與質量」迷思概念挑戰題

以下有關「重量與質量」的迷思，你認同嗎？

在適當的方格裏加✓吧！

	是	非
A. 質量的單位是公斤（kg）。	☐	☐
B. 在物理學上，重量和力的單位都是牛頓（N）。	☐	☐
C. 假如我們在月球及地球分別用浴室磅量度自己的體重，其結果是相同的。	☐	☐
D. 一個物體在月球的重量是在地球時的 6 分之 1。	☐	☐
E. 一個物體在月球的質量跟在地球時相同。	☐	☐

正確資料可在此章節中找到，或翻到第 144 頁的答案頁。

高鼎在後備洗手間陪伴着昏倒的施丹，並替他的 AI DOG 2 型充電，等到臭味都不臭了，終於等到急救人員趕來。

來者竟然不是機械急救員，只見他稍作檢查後，把一枝藥膏湊近施丹的鼻子，施丹就慢慢轉醒過來了。

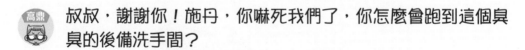

高鼎：叔叔，謝謝你！施丹，你嚇死我們了，你怎麼會跑到這個臭臭的後備洗手間？

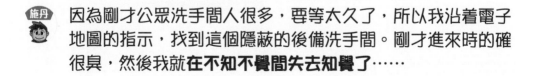

施丹：因為剛才公眾洗手間人很多，要等太久了，所以我沿着電子地圖的指示，找到這個隱蔽的後備洗手間。剛才進來時的確很臭，然後我就**在不知不覺間失去知覺了**……

愛蜜絲和施汀也趕到了，但由於她們不願意也不可以進入惡臭的男子洗手間，所以急救員和高鼎先把施丹扶到洗手間外。

 叔叔，謝謝你親自來救醒我哥哥，請問高姓大名？

我是Doctor O。我是今日奧運場館的駐場醫生，比機械急救員更能靈活處理危急情況。

你是O醫生，還是博士？

請問你姓O，還是姓奧？

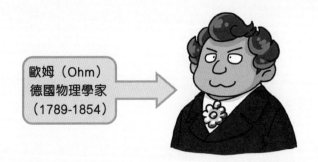

哈哈，我既是醫生，也是醫學博士。我姓 Ohm，歐姆，跟那位大物理學家同姓。歐姆也就是電阻器的電阻值之單位。

歐姆（Ohm）
德國物理學家
（1789-1854）

 你們竟然不認識月球寧靜海大學的Dr. O？博士你好，我是愛蜜絲，我去年曾經選修過你教的一門公共衛生課。

Dr.O 我認得你，你經常坐在課室前排，最留心上課！我當然也認得他們，少年未來科學拯救隊昨晚囊括了地月盃發明大賽的金、銀、銅獎項啊。

 施丹 **施汀** **高鼎** 嘩！我們少年未來科學拯救隊果然一夜成名了！

 愛蜜絲 我正是他們的義工領隊。對了，請問施丹他有什麼事呢？

 Dr.O 施丹沒有大礙，他剛才臉色蒼白，應該是因血糖低而暈倒。大概是沒有吃早餐吧？只要吃點食物就沒事了。

 施丹 對呀！因為我最近在減肥，所以習慣了不吃早餐。

 Dr.O 吃早餐是很重要的。我帶備了月球營養麵包及月球脫脂植物奶，施丹你放心，吃了也不怕胖。

施汀 Dr. O，你看看哥哥的身型便知道，我們全校同學都看不過眼，一致認為他是過肥。

Dr.O 一個人是否肥胖，不是單看身型的，還要看體重、年齡和性別，計算**身體質量指數（Body Mass Index）**，英文簡稱 BMI。

施丹 我想知道自己是不是過肥，這場館有量度體重的裝置嗎？

Dr.O 當然有，為方便檢測運動員狀況，這場館設有三款量重裝置，你們找找看。不過劍擊賽快開始了，我要儘快回去當值。各位失陪了。

愛蜜絲 謝謝你Dr. O，我會照顧好他們的。來，施丹、施汀、高鼎，馬上去量重，然後回去看劍擊比賽吧！

這個場館分成「地心吸力」區和「月心吸力」區，重力設定各有不同。三個量重裝置設置在不同區域，操作原理和量度單位都是不同的。

原理和單位都不同？量度體重也要這麼複雜嗎？

我們去找找那些裝置，順序測試後再說吧！

月球奧運場館三個量度重量裝置

我在懷舊戲院見過這個磅重機！

82.6N

觀眾席·月心吸力區
（2）自動感測坐椅
量度人體在月球上的**重量**。
量度單位：牛頓（N）

地心吸力區
（1）懷舊磅重機
量度人體在地球上的**重量**。
量度單位：牛頓（N）

它放太多砝碼了吧，我哪有這麼重？

月心吸力區
（3）特大天平
用特大砝碼量度人體的**質量**。
量度單位：公斤（kg）

 資料列印出來了！

N？牛頓？重量的單位不是公斤嗎？我看不明白啊！

施丹體重資料	
（1）地球重量	588.6N
（2）月球重量	98.1N
（3）人體質量	60kg

 太奇怪了，我們立即聯絡 AM 博士吧！

劍擊賽正要開始，你們現在來騷擾我欣賞比賽，太過份了！
拆解「重量」科學迷思概念課程現在開始！

 AM 博士告訴你！

重量單位

　　我們普遍以公斤（kg）或克（g）作重量的單位，這個也是質量的單位，在地球的日常生活可以通用，但在物理學上，我們就要準確分辨了。

　　我手上這個是牛頓秤，用來量度力的大小（單位是 N，Newton 牛頓）。把一個蘋果懸吊在秤上，讀數是 1N，代表地球有約 1N 的地心吸力把這蘋果向下吸；我用手托住這蘋果時，就要用 1N 的力讓它不向下跌。換句話說，1N 的力就是這蘋果的重量，所以重量的單位是 N，而 6 個蘋果的重量就是 6N。

　　月球的重力只有地球的 6 分之 1，你在月球上只需要用 1N 的力就可拿起 6 個蘋果，所以物件在月球的重量只有地球的 6 分之 1。不過物件在地球及月球上的本質沒有變化，科學家稱為質量，單位是 kg 或 g。

　　如我們要準確地量度質量，就需要用天平和砝碼了。如果把蘋果放在天平的左邊，右邊需要用一個 100g 的砝碼才能保持平衡，該蘋果的質量就是 100g。即使去到月球，月心吸力只有地球的 6 分之 1，但依然需要用一個 100g 的砝碼才能保持天平的平衡。

　　看看施丹的體量資料：無論在地球或月球，質量都是 60kg；在地球的重量是 588.6N，在月球的重量是 98.1N，正好是 6 分之 1。

那我算是肥胖嗎？我的 BMX……不，BMI 指數呢？

 BMI 指數的方程式是：質量（kg）÷ 身高的平方（m²），
高鼎你可以編寫程式算出來嗎？

 沒問題！AI DOG 2 型可以用超聲波即時量度我們的身高，
我輸入數據吧。對了，我記得雅典娜的資料，也幫她計一計。

結果出來了！

姓名	雅典娜	施汀	高鼎	施丹
身體質量	38kg	42kg	50.5kg	60kg
身高	1.53m	1.50m	1.54m	1.60m
年齡	12 歲	11 歲	12 歲	12 歲
性別	女	女	男	男
BMI 指數	16.2	18.7	21.3	23.4
是否肥胖？	過輕！	正常	正常	過重！

施丹，你果然是科學拯救隊中最胖的隊長！

呀！現實真殘酷！

待續→3.

 **AM博士 實驗室**

量度重量小實驗

可以在家中試試啊！

1. 衣架天平 1

所需工具：幼繩子、紙碟 ×2、兩個不同的物件、門柄

a. 用幼繩子把兩隻紙碟懸掛到衣架的兩端。

b. 把衣架勾在門柄上，並保持平衡。

c. 把兩個物件放到兩隻紙碟上。水平傾向哪一邊，代表那物件重量較大。

目的：自製工具比較兩個物件的重量。

2. 衣架天平 2

所需工具：幼繩子、紙碟 ×2、較大物件（如玩偶）、大量已知重量的小物件（例如積木、橡皮擦，每個約 10 克）、門柄

a. 按實驗 1 的步驟，把衣架天平勾在門柄上。

b. 把較大物件放到左面紙碟，然後在右面紙碟上逐一放入小物件，直至天平兩邊平衡。

c 記錄需要多少個小物件才能取得平衡，然後計算小物件的總重量（總質量）。

目的：利用衣架天平和自定砝碼，量度物件的質量。

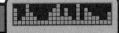

月球低重力劍擊大賽

～ 劍擊手為什麼不會觸電？

拆解「導電體與絕緣體」迷思概念挑戰題

以下有關「導電體與絕緣體」的迷思，你認同嗎？

在適當的方格裏加✓吧！

	是	非
A. 所有金屬都是導電體。	☐	☐
B. 所有非金屬物品都不能通電，是絕緣體。	☐	☐
C. 玻璃是電的絕緣體。	☐	☐
D. 我們用來寫字的碳筆，筆芯可以通電，是導電體。	☐	☐
E. 如果電壓夠高，絕緣體都可以通電。	☐	☐

正確資料可在此章節中找到，或翻到第 144 頁的答案頁。

科學拯救隊解開 BMI 之謎後回到劍擊館的觀眾席，但劍擊賽早已開始，賽事已進行得七七八八，雅典娜也等到極不耐煩了。

施汀　雅典娜，不好意思啊！只怪哥哥他在洗手間醒過來後，已不關心劍擊，他反而着緊自己是否肥胖。

高鼎　雅典娜你別生氣，我剛才幫你輸入了身高和體重資料，計算過你的 BMI 指數了。你沒有肥胖，你只是過瘦啊！

雅典娜　高鼎你怎會知道我的身高和體重的資料？

高鼎　呀……這些資料……我已有……

雅典娜　不過這些事之後再說吧，男子花劍個人項目決賽即將開始了！爭奪金牌的是地球亞洲區的代表**王白**，跟月球寧靜海區的代表**石月**啊！

綠方

王白 WONG
地球亞洲區
ASIA, EARTH

紅方

石月 SHEK
月球寧靜海區
MT, MOON

真好！王白選手成功打入決賽，沒令地球的擁躉失望！

 你們看，兩個選手已就位，決賽即將開始了！

花劍個人賽賽制

分 3 局進行。每局 3 分鐘，先擊中對手 15 劍，或在時限內擊中對手較多劍就獲勝。

地球亞洲區　3：

WONG 王白

EARTH　0

月球劍擊賽是史上首次進行的，我為你們解釋一下吧！

OLED 熒幕

熒幕混合 AR 擴增實境和劍尖可視化系統，電腦會即時計算並顯示劍尖的軌跡，為觀眾分析雙方攻勢，和判斷得分。

重力

場館刻意保留月球引力，只有地球引力的 6 分之 1，讓劍手在騰空時有更多時間做出複雜動作。

月球寧靜海區

石月 SHEK

MOON

0

施丹 比賽開始了！熒幕上顯示出兩位劍手揮劍時劍尖的軌跡，還有箭咀顯示哪一方有進攻權，果然一目了然！可是，我看熒幕還是看真人好呢？

地球　0：1　月球

噗！

進攻權

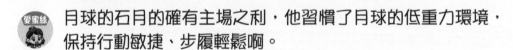

石月舞動劍尖後刺中王白的胸口，他的面罩亮起紅光！他先得1分了！

愛蜜絲 月球的石月的確有主場之利，他習慣了月球的低重力環境，保持行動敏捷、步履輕鬆啊。

高鼎 不要緊，地球的王白會追回來的！雅典娜，你說對不對？

雅典娜 我是……支持月球的石月選手的啊！

高鼎 呀，對不起！

施汀 大家看，王白選手反擊了！

地球 1：1 月球

進攻權 >>>

噗！

王白向前盡力一刺，清脆利落地刺中對手！面罩亮起綠光！地球追回1分！

愛麗絲：兩人又重回最初的作戰姿勢了，因為現在是關鍵的決賽，他們都打得較謹慎，不敢輕舉妄動。

雅典娜：呀！石月選手突然跳起，趁對手回防時從高處往他背部一刺。1：2，**追回 1 分了！**好啊！

施丹：雖然我不支持月球，但石月善用月球的低引力，令跳躍這動作很瀟灑。我想學這一招，我還想打空翻加轉體兩周出劍啊！

施汀：哥哥，現在是劍擊不是跳水。而且你學這一招前要先減肥！

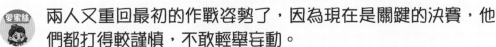

　　兩選手互有攻守，在刀光劍影之間，兩局完結了。暫時比數是2:3，月球的石月選手領先。1分鐘後，最後一局將會開始。

施丹：我想起剛才王白選手有一招，凌空刺中了石月的大腿，他的面罩還亮了白燈，是代表他這招很精彩吧？

高鼎：你記錯了，白燈是代表刺中的位置無效，沒有得分啊！

雅典娜：自從 2021 年香港隊張家朗贏得劍擊花劍項目第一面奧運金牌後，劍擊已成為學校必修項目，施丹你怎會記錯的？

施丹：這個……因為我已轉打重劍項目，一時間忘掉了……

劍擊三個項目的有效範圍是有分別的，我用AR百變模特兒程式投射到你們身上吧。刺中紅色位置才算得分啊！

花劍的有效範圍

用劍尖刺中頸部以下至大腿以上的部分及背部。

重劍的有效範圍

用劍尖刺中全身任何部分。

佩劍的有效範圍

用劍尖、劍刃或劍背刺中腰部以上的部分。

好清楚啊，我們之後就不會忘記啦！

為什麼劍手刺中對方的背心時，面罩會立即發光呢？

 他們的劍、面罩和背心都是金屬製造的。我猜他們的劍通了電，刺中對方後就傳電去自己的面罩，所以就會發光。

 怎可能！如果劍上真的有電通過，劍手會隨時觸電啊！

 不如我們聯絡 AM 博士吧……咦？他沒有回覆啊，連豐色廿口教授也找不到。難道要傳送觸電信息給他們？

 這時候別騷擾他們了。沒辦法，由我來為你們解釋導電體的迷思吧！**拆解科學迷思概念課程現在開始！**

你們有玩過觸電迷宮吧？當觸電筆的金屬筆尖接觸迷宮金屬條，它會形成閉合電路，通電發聲。

可以通電的物料就是導電體，例如所有金屬；不可以通電的就是絕緣體，包括塑膠、木材、玻璃等。不過，如果電壓夠高，絕緣體都會通電，例如閃電也會從雲層通過樹木落地！

有些非金屬物料都會通電，例如鹽水和鉛筆芯。大家留意鉛筆芯其實不是由鉛金屬製造的，它的原料是石墨，即是碳的一種。

（愛蜜絲姐姐代課）

劍擊比賽亮燈原理（有線式）

花劍劍手身上穿着金屬背心，正是有效的攻擊範圍。花劍由劍柄、劍身和護手盤組成。劍柄由塑膠製，劍身和護手盤由鋼製。

劍身內部有凹槽，用來收藏電線，銅製的電線就用塑膠外皮包着。因此，通電的是藏在劍內的電線而不是劍身，劍手觸摸劍身是不會觸電的；當兩位劍手攻守期間，即使兩把劍互相接觸，也不會形成閉合電路。

劍尖其實也安裝了一個細小的金屬彈簧開關，劍手對賽時，不但要刺中對手的金屬背心，還要力度夠大，按下這個彈簧來啟動開關，燈光才會亮起，裁判才會判劍手得分。

以下是比賽中的電路圖解，兩名劍手的金屬背心都繫着電線，並連着劍的護手盤和劍內。當劍手 A 用力把劍頭刺中劍手 B 的金屬背心，劍頭會壓逼彈簧，就形成閉合電路，因此電燈通電而亮起。

施丹　我有問題！愛蜜絲姐姐你的圖解中，劍手的背心是連着電線的。但剛才的比賽中，他們身上沒有繫着電線啊！

 愛蜜絲　施丹你果然好眼力！我為了方便說明閉合電路，剛才給你們看的圖解是舊式的。以下才是現代比賽的圖解：

劍擊比賽亮燈原理（無線式）

　　為方便劍手行動，加上隨着科技進步，自從 2016 年巴西里約熱內盧奧運開始，劍擊比賽已經進入無線計分的年代了。劍手改為在身上帶着電磁波發射器，而發射器的電線連着劍的護手盤和劍內。

　　參考以下圖片，當劍手 A 用力把劍頭刺中對方 B 的金屬背心，劍頭會壓逼彈簧，形成閉合電路並啟動發射器。發射器隨即發送電磁波信號至裁判的手機系統，並自動判定攻擊是否有效。而裁判就會視乎情況按鍵亮燈。

嗶！休息時間結束！

 第三回合決勝局開始了！王白選手加油，要追回兩分啊！

 月球的石月好可惡，自恃有一分在手，竟在拖延時間！

 高鼎！不准說我的石月選手可惡，這是戰術啊！

 你們看！王白選手一個轉身，看似露出了背部的破綻，原來他是誘敵並早一步反手一刺，正中石月的胸口！

地球　3：3　月球

綠燈亮了！
地球追平了！

 第三回合只餘三十秒！地球加油啊！

 時間無多了，月球的石月開始急躁起來。反而地球的王白就越來越冷靜……

 石月選手加油！堅持啊！用這一個弓步上前一刺吧！

 嗶！王白選手跳起避開了石月的弓步前刺！

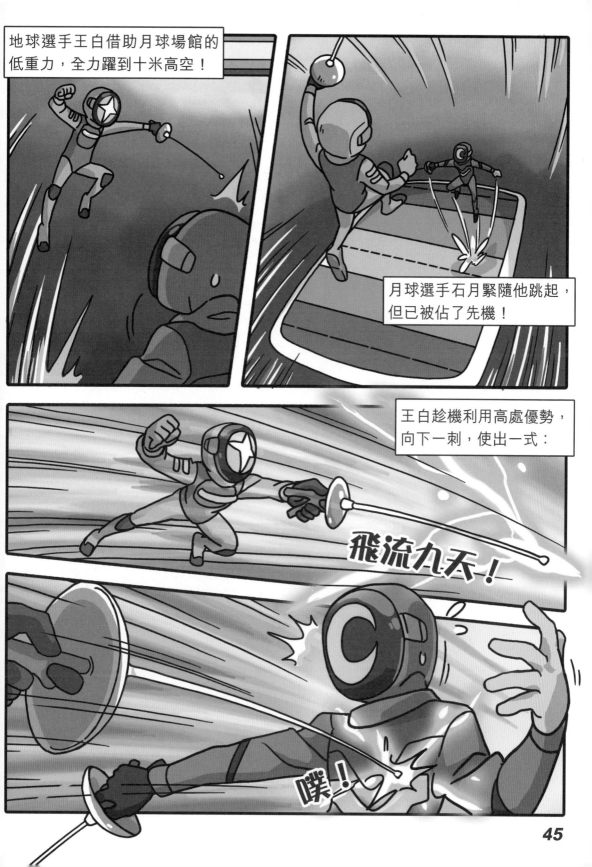

地球選手王白借助月球場館的低重力，全力躍到十米高空！

月球選手石月緊隨他跳起，但已被佔了先機！

王白趁機利用高處優勢，向下一刺，使出一式：

飛流九天！

噗！

地球 4：3 月球

綠燈亮起！這一劍有效！反超前了！

愛蜜絲　時間完了，第三局結束！因為兩位選手都無法在三局內取得15分，所以分數較高的一方獲勝。即是說……

施丹　**地球贏了！王白選手奪得月球奧運劍擊花劍的金牌啊！**

高鼎　太好了，地球萬歲！雅典娜，你為什麼不興奮？

雅典娜　高鼎！我跟你多說一次：**我是支持月球的！**

對不起啊！雅典娜同學！

施丹　太厲害了！王白選手竟然躍到高空出劍，那一式「飛流九天」，就好像武俠小說中的凌厲功夫啊！

愛蜜絲　王白除借助了月球較低重力的效果，我知道他身上還有地球研發的秘密武器，就是「非對稱功能性彈力劍擊鞋」。

施丹　嘩，這個鞋的名字聽起來很厲害！

讓我這個三屆發明大賽的金獎得主告訴你們吧。「非對稱功能性彈力劍擊鞋」沿自香港理工大學的設計，它針對劍手以「丁字腳」運動時雙腿的不同需要，左右兩腳的鞋子採用了不同構造。

劍手的前腿主要用於向前跨踏，大力踏步時會受到很強的衝擊力，所以在前腿鞋底加入特厚吸震物料來承受壓力。劍手後腿則用於平衡，腳面多於地面上拖曳，故此後腿鞋頭內側採用耐磨的橡膠物料，膠皮面積也擴大，來減低損耗。

 你們看，王白選手正向着對面的觀眾席高舉拇指啊！

 難道他的家人在那邊嗎？讓我開啟 AI DOG 2 型的望遠鏡功能看看……

我發現了AM博士的立體影像和豐色教授啊！

待續→4.

 AM博士 實驗室 **測試導電體小實驗**

可以在家中試試啊！

1. 觸電迷宮測試物料

所需工具：觸電迷宮玩具、不同的測試物料（如金屬片、木片、塑膠片、
紙條等）

a. 準備一個觸電迷宮玩具，安裝電池並開啟。

b. 用觸電筆筆尖接觸迷宮金屬條的任何一處，令它發光或發聲。

c. 把不同的物料剪成小片，逐一貼在觸電筆筆尖上。然後把筆尖隔
着小片接觸迷宮金屬條，觀察有沒有反應。

目的：運用現成的觸電迷宮玩具，探究物料是導電體還是絕緣體。

預測：如果物料是導電體，玩具會發光發聲；如果是絕緣體，玩具沒有任
何反應。

逐一貼上不同物料的小片

月球廚神

～水也有不同種類嗎？

拆解「水的種類」迷思概念挑戰題

以下有關「水的種類」的迷思,你認同嗎?
在適當的方格裏加✓吧!

	是	非
A. 梳打水是生產商把二氧化碳氣體加壓注入水中而成。	○	○
B. 礦泉水是最純正的水,沒有雜質。	○	○
C. 蒸餾水不帶酸性,也不帶鹼性,是中性的水。	○	○
D. 汽水放出來的氣泡是二氧化碳氣體。	○	○
E. 我們可以用過濾器把海水變成淡水。	○	○

正確資料可在此章節中找到,或翻到第 144 頁的答案頁。

科學拯救隊往對面觀眾席一看，竟發現了ＡＭ博士的立體影像跟豐色教授並肩而坐，馬上跑上去問個究竟。

 高鼎　博士、豐色教授，難怪剛才聯絡不到你們，原來你們也在這裏看比賽。

施汀　地球和月球相隔 384,400 公里，但豐色教授你跟博士透過**元宇宙**的視像會議一起並肩觀賽。你們好浪漫、好美妙啊！

豐色教授　你們別誤會，我是打算一個人靜靜入場看的，是 AM 博士硬是要用元宇宙的視像會議技術為我做即場旁述。

AM博士　劍擊賽配合我的旁述，當然更精彩啊！我好歹也是**前奧運劍擊手**，剛才王白選手的「飛流九天」也是我創作的！

施丹　博士你是前奧運選手？「飛流九天」的創作者？我不信！

這是事實！你們快上萬能網搜尋！

以下就是博士參加 2068 年奧運劍擊賽之後的受訪片段了！

2068 年非洲塞內加爾奧運劍擊賽賽後訪問

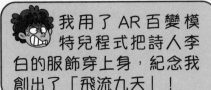 AM 選手，你這身打扮有什麼意思？

我用了 AR 百變模特兒程式把詩人李白的服飾穿上身，紀念我創出了「飛流九天」！

 即是你剛才跳高，然後向下垂直一刺的招式嗎？

 沒錯就是那一招，招式名稱沿自李白的詩句「飛流直下三千尺，疑是銀河落九天」的「飛流九天」！

 可是你剛才那一招只能刺中對手手臂，攻擊無效啊！

 我剛才向下加速時太快，時間太短了，所以瞄得不準，才讓對方有機會反攻，被他取得決勝一分，失掉了金牌！只怪地球的重力太大！

 重力？我聽不明白……呀！金牌選手來了！失陪，銀牌選手。

 等等啊！我還未開始解釋地球的重力……

2068 年？12 年前我還未出世啊！

高鼎　很難想像博士當年曾經參加奧運比賽，還得到一面銀牌！

 施汀　豐色教授，當時你有入場替博士打氣嗎？

 豐色教授　沒有，我當時有約，連 AM 博士他參賽的事也忘卻了。

原來博士是因為沒有豐色教授到場打氣才輸掉⋯⋯

 AM博士　我雖然退役了，但今日看到王白選手能借助月球的低重力環境，把我的一招施展得淋漓盡致，真令我老懷安慰。

 施丹　博士，等我們回地球之後，你才「話當年」吧！

 雅典娜　各位，媽媽請你們看完劍擊賽後，再到我們家作客，她已準備了豐富的月球特色大餐。

 施丹　好呀！你媽媽昨天弄的月球特飲，令人一試難忘啊！

＊＊＊＊＊＊

黑月磁浮鐵路系統　　寧靜海線

航天港站　太陽神站　開發區站　奧運站　商城站　大學站

雅典娜一家
地底住宅區負 10 層

雅太太　歡迎各位再次蒞臨寒舍！我弄了月球特色大餐給你們享用，一起慶祝地球的王白選手奪得金牌吧！

媽媽，我不開心啊。月球失了金牌，剛才高鼎還說我的 BMX 指數有問題啊。

你誤會了。那是 BMI 指數，反映你身體過瘦啊。

 雅太太　過瘦？雅典娜以後你要多吃東西了。大家先吃這一碟「地球果凍」吧，那是模仿地球的藍色球體形狀製作的。

施丹　嘩！我外婆的哥哥的孫兒的妻子的表妹的媽媽……簡稱是「親戚」，你做的果凍好美味，你可以當月球廚神了！

 雅太太　豐色教授、愛蜜絲小姐，我準備製作香草甜品系列，你們想要哪一款香草？

 我們喜歡薄荷味，有勞雅太太。

雅太太 好的，我馬上製作吧……來了！是**薄荷**奶油巧克力碎夾心馬卡龍，還有巧克力海綿夾心蛋糕配**薄荷**榛子醬！

薄荷的香味很清爽！雅太太你果然是廚神。

 雅太太 過獎了，我家的香草全部是從地球運來的，還有羅勒、紫蘇、月桂葉等，非常齊全，你們慢慢品嘗吧。

 施汀 這麼多種香草，我想每種都嘗一口啊！

 豐色教授 每種香草都嘗一口，那麼你就是現代的**神農氏嘗百草**了！

神農氏
相傳上古時代，他踏遍山嶺，逐一嘗試各種草木，最後發現了可以充飢的五穀，以及三百多種可治病的草藥。

 雅典娜 我記起來了，月球這裏有一個大企業叫**「神農氏大藥廠」**。難道這名字是向神農氏致敬的？

 豐色教授 正是！

55

雅太太：各位，下一道甜品出爐了！這是太陽系大蛋糕！

嘩！這個蛋糕齊集了太陽系八大行星！

原來雅典娜的媽媽是廚神，難怪她在日月萌社交程式中，分享了這麼多美食相片。

 施丹：你看這個大蛋糕的賣相多精緻！最右面的鹹蛋黃就是太陽，左面圍繞着的葡萄乾、栗子等，依次序模仿着八大行星。

 施汀：我看到排第三的是一顆藍莓，肯定是代表地球。

 高鼎：蛋糕上最大的紅色覆盆子代表太陽系最大行星木星；還有這個栗子代表土星，圓形餅乾就代表了土星環，真有心思！

施汀：看來雅典娜你媽媽不但是廚神，還是一個天文專家啊！

 雅太太：哈哈……過獎了，接下來嘗嘗施丹最喜愛的月球南極原生冰塊特飲吧。有葡萄味、檸檬味、西柚味，請慢用！

 施丹：太好了！我今次要試試西柚味。

 施汀：這特飲好神奇，用**紫外光照射時這會發出熒光**，為什麼呢？

先考考大家，市面上有不同種類的水，以下哪一種水在紫外光照射下會發出熒光呢？

梳打水	碳酸水	礦物質水	海水
蒸餾水	湯力水	礦泉水	淡水

 雅太太：其實……我只懂跟着萬能網的食譜來購買材料，我不太知道這些水有什麼特別的，也不知道什麼科學原理啊。

 豐色教授：好吧，就由我來解開大家對水的種類的科學迷思吧！**拆解科學迷思概念課程現在開始！**

豐色教授告訴你!

水的種類和蒸餾法

地球上有各種天然水,沒有人工添加物質,包括:**海水**;河流源頭的**高山雪水**;由冰川融化而成的**雪水**;位於火山區地底,含有二氧化碳及礦物質的**礦泉水**。海水含有過多鹽分,不能飲用,但我們可以用以下的蒸餾法把海水變成可飲用的**淡水**。

把海水加熱至沸點攝氏 100 度,水會沸騰變成水蒸氣,然後經過冷凝管。管道外圍有流動的冷水進入,吸收水蒸氣的熱能後變成暖水離開。管道中的水蒸氣遇冷就凝結成水點,慢慢流到燒杯收集起來,這些便是**蒸餾水**了。

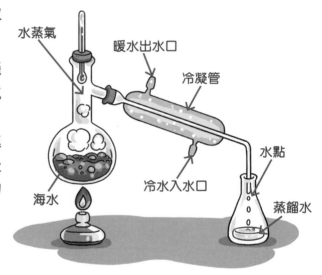

水蒸氣
暖水出水口
冷凝管
水點
海水
冷水入水口
蒸餾水

蒸餾法可以清除溶解在水中的雜質和殺死細菌,故此蒸餾水是中性的水,不帶酸性或鹼性,也是最純正、可以飲用的水。

市面上售賣着其他種類的水,包括**梳打水**、**碳酸水**、**有氣水**,是生產商把二氧化碳加壓注入水中,讓人們飲用時有大量氣泡生成,帶來清爽的口感。如果人工加入礦物質,就是**礦物質水**。如果再加入糖漿,就是小朋友最愛的**汽水**,但它容易引致蛀牙和肥胖。如果把奎寧添加入水中,就是略帶苦澀味的**湯力水**。奎寧是一種對熒光有反應的物質,所以當湯力水吸收了紫外光的能量後會發出熒光。

吃吃喝喝真滿足，我又想去洗手間了。洗手間在哪裏呢？

 哥哥你搞錯了，這裏是廚房啊⋯⋯咦？這部機器是什麼？

這機器不像微波爐，似是立體打印機啊！

 這是⋯⋯爸爸帶回來的黑月集團新產品「食物立體打印機」試用版，它的打印材料是用食物原材料磨成泥狀而成的⋯⋯

 不論任何款式的食物，只要我們按幾個鍵，它就會跟着食譜，把食物「打印」出來，再加熱或降溫後就可食用⋯⋯

 即是說⋯⋯剛才我們吃的全都是它打印出來的？這部打印機才是真正的廚神嗎？**那麼，任何人都可以當廚神了！**

待續➜5.

59

簡單蒸餾小實驗

可以在陽光下試試啊！

1. 自製太陽能蒸餾水器

所需工具：透明膠樽（連樽蓋）、黑色鋁罐、剪刀、污水
（用作實驗的水不要飲用！）

a. 把膠樽剪去底部，並用力把無底的膠樽邊緣向內屈入 8cm，形成一個 U 形兜用來收集蒸餾水。但要保留樽蓋，以免水分蒸發。

b. 把黑色鋁罐的頂部完全切掉，把污水倒入鋁罐內。（注意安全！）

c. 把膠樽套着鋁罐，放陽日光之下。約一小時後，膠樽的 U 形兜便收集到蒸餾水。

目的：自製工具進行污水的蒸餾實驗。

透明膠樽

污水

黑色鋁罐

膠樽邊緣向
內屈入 8cm

收集到的
蒸餾水

科學原理：鋁罐中的污水因陽光的熱能而蒸發向上升，並在溫度較底的膠樽內部凝結成水點，然後慢慢向下流至內屈的 U 形兜。因為污水中的雜質只會留在鋁罐中，所以用蒸餾法收集得來的水是純正和潔淨的。

紫外線超級手槍

～紫外線是不是紫色的光？

拆解「紫外線」迷思概念挑戰題

以下有關「紫外線」的迷思，你認同嗎？
在適當的方格裏加✓吧！

	是	非
A. 紫外線是紫色的光線。	☐	☐
B. 人類用肉眼可以看到紫外線。	☐	☐
C. 如果人類直望紫外線光源，眼睛有機會患上白內障。	☐	☐
D. 由於紫外線的能量非常高，所以可以用來殺菌消毒。	☐	☐
E. 太陽發出的紫外線可以幫助人體產生維生素 C。	☐	☐
F. 地球大氣層中的臭氧層可以吸收太陽發出的紫外線。	☐	☐

正確資料可在此章節中找到，
或翻到第 144 頁的答案頁。

施丹　哈哈哈！科學拯救隊的男隊長施丹，揭發了「親戚」雅太太是借助食物立體打印機，才能成為月球廚神的！

 高鼎　施丹，你別再取笑雅典娜媽媽了！即使有機器輔助，她也有付出勞力去購買原材料，所以她依然是廚神！

 雅太太　別再說什麼廚神了……你們不是想看月球特飲發出熒光嗎？我來表演吧，就用這紫外線超級手槍！

 施汀　嘩！你這個紫外線超級手槍也是黑月集團的產品嗎？

 雅太太　不，這是我們半年前在**商城站地底購物城**一間科學百貨店買的。有一位售貨員向我們推銷，說這是高科技產品啊。

竟然賣 10 個月兔幣！不過既然這麼貴，我想一定是科技非凡。我就買回家，將來可能會升值呢！

媽媽，在高級餐廳吃一份早餐，只需要 5 個月兔幣啊。

當時還未被捕的商業間諜梁君子

63

愛蜜絲 讓我看看，這是把三個紫外線LED連接鈕扣形電池吧？安全性有點不足。雅太太，可否給我紙杯，讓我改良一下？

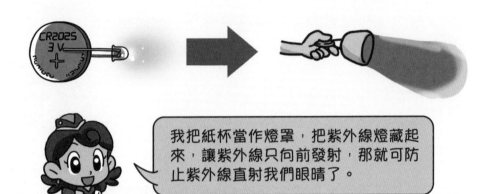

我把紙杯當作燈罩，把紫外線燈藏起來，讓紫外線只向前發射，那就可防止紫外線直射我們眼睛了。

 施丹 施汀 高鼎 厲害！愛蜜絲姐姐果然是三屆發明大賽冠軍！我們還可以用這個紫外線燈照射哪些物品呢？

 雅太太 我這裏有一本古董郵票簿，還有舊鈔票。你們照照看！

嘩！這些舊鈔票和郵票，被紫外線照射後都發出熒光了！

鈔票和郵票上這些熒光花紋，是用來防偽和方便電腦辨認的。

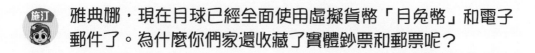

施汀：雅典娜，現在月球已經全面使用虛擬貨幣「月兔幣」和電子郵件了。為什麼你們家還收藏了實體鈔票和郵票呢？

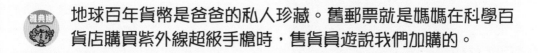

雅典娜：地球百年貨幣是爸爸的私人珍藏。舊郵票就是媽媽在科學百貨店購買紫外線超級手槍時，售貨員遊說我們加購的。

雅太太：那些舊郵票價值不菲啊。不過那位售貨員說要一套購買，才能配合紫外線超級手槍，發揮最佳的熒光效果⋯⋯

你們被騙了吧？買了不安全的紫外線燈，還高價買了不值錢的舊郵票！

哈哈！

愛蜜絲：別再取笑雅太太了。紫外線燈的確可以帶來意想不到的效果，它既可令衣服、湯力水等發出熒光；即使在大自然，一些動植物在晚上受到紫外線照射時，也會發出熒光啊。

藍色教授：在我讀小學時，紫外線隱形墨水筆很便宜。那時我經常跟AM博士等待天黑後，到學校後山用紫外線燈到處照射，總有一些新發現。

AM仔！豐色同學！這裏又黑又有很多猛獸，好危險啊！快回家！

你看！這些熒光蠍子和蜥蜴十分悅目！

連菇類也會發出熒光啊！

小時候的AM博士和豐色教授

「年輕」時的德叔

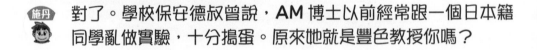

施丹　對了。學校保安德叔曾說，**AM**博士以前經常跟一個日本籍同學亂做實驗，十分搗蛋。原來她就是豐色教授你嗎？

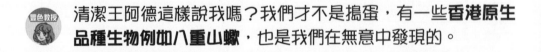

豐色教授　清潔王阿德這樣說我嗎？我們才不是搗蛋，有一些**香港原生品種生物例如八重山蠍**，也是我們在無意中發現的。

愛蜜絲　對，這就是科學精神。不如待會我帶你們去商城站地底購物城，到雜貨店找一找較便宜的紫外線隱形墨水筆吧。

施丹　施汀　高鼎　好呀！

施汀 不過，我有問題！紫外線跟紫色光有什麼分別？坊間也有很多產品聲稱可以防紫外線，難道紫外線燈是危險物品嗎？

豐色教授 各位對紫外線確實有不少迷思，**拆解科學迷思概念課程現在開始吧！**

豐色教授告訴你！

紫外線

　　人類肉眼可見的電磁波，就是當年牛頓用三稜鏡把太陽白光折射而成的彩虹光譜，牛頓主觀認為彩虹光譜包括紅、橙、黃、綠、藍、靛及紫色。各種顏色光有不同的能量、頻率及波長。波長比紫色光更短的電磁波，就是人類肉眼見不到的紫外線，由於紫外線的能量比可見光較高，所以我們不可以直望紫外線燈。

　　紫外線不在彩虹光譜之內，它本來用肉眼看不到，並不是紫色光。不過製造商在紫外線 LED 中混入肉眼可見的的紫光或藍光，讓人們使用紫外線燈時，知道正有紫外線發出，這樣就可減低危險性。

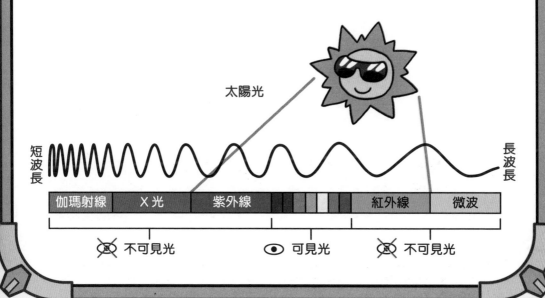

太陽光

短波長　　　　　　　　　　　　　　　　　　　　　　　長波長

| 伽瑪射線 | X 光 | 紫外線 | | | | 紅外線 | 微波 |

❌ 不可見光　　　👁 可見光　　　❌ 不可見光

紫外線對人體有好處也有壞處。當我們適量地曬太陽，由太陽發出的紫外線可以幫助人體產生維他命 D。由於紫外線的能量非常高，可以殺菌消毒，故此科學家利用它來製造紫外線殺菌燈、紫外線消毒飲水器、紫外線手機消毒器等。

但過量的紫外線卻會破壞人體細胞，容易引致皮膚癌；它也會傷害人類眼睛的晶狀體，令我們患上白內障而損害視力，所以我們絕對不可以直望紫外線光源！

配戴能阻擋紫外線的太陽眼鏡就可保護眼睛了。

地球大氣層中的臭氧層可以吸收太陽光中的紫外線，但月球沒有大氣層，所以太陽紫外線就會直射月球表面了。

而有趣的是，科學家發現鳥類及蜜蜂竟然可以看見紫外線，所以牠們眼中的世界與我們看到的，色彩截然不同！

人類視覺	紫外線照射下	鳥類視覺	蜜蜂視覺

高鼎　聽過豐色教授的解釋後，我好想立即就去買一枝紫外線隱形墨水筆來玩啊。不如現在就到商城站地底購物城好嗎？

 施丹　嘻嘻，高鼎我悄悄勸你別太衝動啊，否則像雅太太一樣，被騙而買貴了便宜貨品就後悔莫及了⋯⋯

 雅太太　哦？施丹，你在叫我嗎？還有什麼事情？

 施丹　不⋯⋯這個⋯⋯呀！下午 3 時，萬能網提示說奧運劍擊賽的頒獎禮馬上開始，不如我們開電視看現場直播好嗎？

 雅太太　對，月球奧運劍擊賽首面金牌頒獎禮實在是大事，幸好有你提醒⋯⋯

2080 年 6 月 22 日 15:00　**月球即時新聞**　星期六（休息日）農曆五月初五

**奧運劍擊賽花劍項目
金銀牌兩劍手同時暈倒！
頒獎禮臨時取消！**

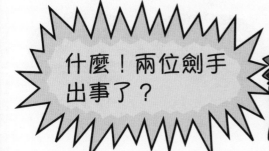

什麼！兩位劍手出事了？

待續➜6.

AM 博士實驗室 紫外線進階小實驗

可以在家中試試啊！

1. 紫外線與隱形墨水

所需工具：二合一隱形墨水筆、白紙

（切勿用紫外線電筒照射眼睛！）

a. 往文具店購買隱形墨水筆，一端是隱形墨水，另一端是紫外線小電筒。

b. 用隱形墨水筆在白紙上寫一些信息。

c. 開啟紫外線小電筒，照射白紙上的隱形墨水字跡。

目的：用紫外線照射隱形墨水，令隱藏文字顯現。

2. 紫外線大搜索

所需工具：二合一隱形墨水筆、通用郵票或鈔票、花朵、相機或手機

a. 開啟隱形墨水筆的紫外線小電筒。

b. 照射通用郵票或鈔票，細心觀察用隱形油墨印刷的防偽特徵。

c. 照射不同的花朵，並用手機拍攝下來，比較花朵外貌有什麼變化。

太陽光下的花朵　　紫外線下的花朵

目的：用紫外線檢驗郵票和鈔票的真偽，以及大自然生物的熒光反應。

金銀牌劍手同時暈倒了？

～ 紅外線可以看見嗎？

拆解「紅外線」迷思概念挑戰題

以下有關「紅外線」的迷思，你認同嗎？
在適當的方格裏加✓吧！

	是	非
A. 紅外線是紅色的激光。	☐	☐
B. 所有動物都會發出紅外線。	☐	☐
C. 當物體的溫度愈高，其發出的紅外線就愈多。	☐	☐
D. 人類只有在發燒時，身體才會發出紅外線。	☐	☐
E. 從電冰箱拿出的冰塊不會發出紅外線。	☐	☐
F. 餐廳門口的紅外線體溫儀會發出紅外線，探測人體溫度。	☐	☐

正確資料可在此章節中找到，或翻到第 144 頁的答案頁。

金銀牌劍手同時不適！頒獎禮臨時取消！

　　月球奧運劍擊賽花劍項目金牌、銀牌得主王白、石月，同時在場館暈倒！幸得駐場當值醫生（月球寧靜海大學醫學院教授兼醫生）Dr. O救醒，二人被送往醫院作進一步觀察。

　　而花劍項目的頒獎禮亦要臨時取消。

 少年未來科學拯救隊，請答話！AM博士有信息傳來！

 嘩！AM博士傳來了觸電信息，我們快點回覆，否則就會被電擊了！

你們剛才看到月球奧運會的即時新聞吧？王白選手暈倒了！你們曾經身在會場，有發現什麼可疑情況嗎？

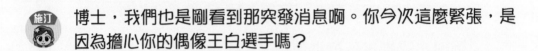 博士，我們也是剛看到那突發消息啊。你今次這麼緊張，是因為擔心你的偶像王白選手嗎？

愛蜜絲 ＡＭ博士，我們今早的確在劍擊場館，還跟Dr. O見過面。不如重播剛才的新聞影片，看看有什麼線索吧？

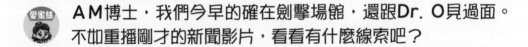 啟動影片重播及定鏡分析功能——

（1）藥膏

Dr. O手上又拿着那枝藥膏，他今早也是用它來救醒施丹的。

 施丹，那麼你記得那藥膏有什麼特別的味道呢？

 我記得有一股濃烈的香味，好像剛才我喝的湯力水。

 我在湯力水中加了薄荷葉，所以應該是**薄荷**的香味。

（2）月球奧運海報

我認得牆上這張被畫花了的月球奧運海報，肯定這裏是我今早暈倒的後備洗手間外面！

這張海報在會場中四處張貼，為什麼你這樣肯定呢？

因為我記得後備洗手間門口牆壁的海報上，那奧運標誌被人畫了十字。地球好像被切的蛋糕一般，所以特別有印象。

啊！是哪個頑皮的小孩把地球畫花了？**難道他討厭地球？**

（3）紅外線體溫儀

還有門口這個體溫儀，你們覺得有古怪嗎？

施汀，那是紅外線體溫儀，用來檢測進入洗手間的人有沒有發燒。你觀察到什麼呢？

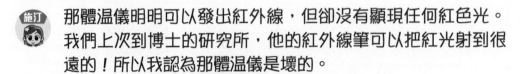 那體溫儀明明可以發出紅外線，但卻沒有顯現任何紅色光。我們上次到博士的研究所，他的紅外線筆可以把紅光射到很遠的！所以我認為那體溫儀是壞的。

 施汀你抱有懷疑的精神是很好，但你對紅外線也有很多迷思概念。你既混淆了紅色激光與紅外線，也誤以為體溫儀會發出紅外線。

 什麼？難道紅外線體溫儀不會發出紅外線？

 沒辦法了，在解開謎團之前，必先解開你們的迷思。**拆解科學迷思概念課程現在開始！**

紅色激光和紅外線

紅色激光是可見光，並不等於紅外線。它是由頻率相同的純紅色光線高度集中在一起，可以射到很遠，通常投影成光點作教學用途，或野外觀星時用作指示星星。但由於激光的光度和能量很高，絕不能直射眼睛，否則會引致眼疾，包括白內障、視網膜脱落等。

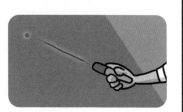

至於紅外線，上一課豐色教授説過，各種顏色光有不同的波長。波長比紫色光更短的電磁波是紫外線；**而波長比紅色光更長的電磁波，就是紅外線。**紅外線屬於不可見光，人類肉眼是看不到的。

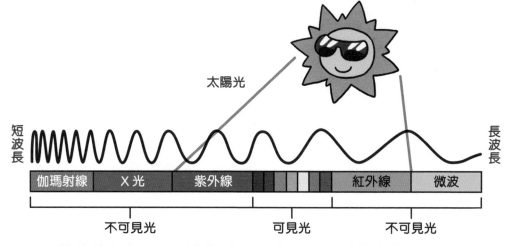

太陽光

短波長　伽瑪射線　X光　紫外線　紅外線　微波　長波長

不可見光　　可見光　　不可見光

紅外線被人發現，要追溯到 1800 年。英國倫敦皇家學院的赫歇爾用三稜鏡把太陽光折射成各種顏色光線，然後用溫度計為各種顏色光測量溫度。他發現由紫光到紅光，溫度會逐漸增加；當他把溫度計放到紅光以上看不到光的部分，溫度仍然持續上升。由於這種具有熱效應、但眼睛看不到的光在紅色光之外，所以稱為紅外線。

温度計

三稜鏡

赫歇爾
英國天文學家
（1735-1822）

温度比紅光區域
持續上升

可見光的顏色光譜

任何物體都會發出紅外線，當溫度越高，發出的紅外線就越多。即使溫度較低的冰塊，也一樣會發出紅外線。另外，即使我們沒有發燒，身體也會發出紅外線，不過發燒時，身體會發出更多紅外線。

以下四個運用紅外線的物品，哪些是紅外線發射器？

電視機
遙控器 　　　耳温計 　　　玩具車
遙控器 　　　玩具車

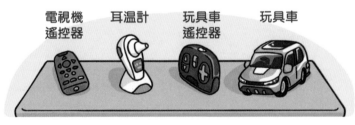

相信最多人弄錯的是把接收器誤作發射器。以上四個物品中，只有電視機遙控器和玩具車遙控器是紅外線發射器，玩具車和耳温計並不會發出紅外線，而只會接收紅外線。

耳温計的原理：把它放進耳朵的聽道後，它接收耳膜附近發出的紅外線，來判斷體溫，若偵測到高於攝氏 37 度，即視為發燒。

AM博士 換言之，紅外線體溫儀也是一個紅外線接收器。對了，你們在地球的學校門口，也設有一個紅外線熱成像體溫儀啊。

可以探測我的舌頭嗎？

紅外線熱成像用顏色顯示出不同的溫度。越偏向黃色和白色，就代表溫度越高。

 施丹 對呀，不過我每早上學時，只顧在紅外線體溫儀前裝鬼臉，都沒有留意過那個熒幕顯示的顏色。

 AM博士 你們下次回校時，可以探究一下身體哪個部分最高溫啊。

 雅太太 不好意思……打擾你們討論了。豐色教授，雅典娜爸爸來電，說黑月集團想找你幫忙**調查劍擊場館事件**啊！

 豐色教授 什麼？黑月集團要找我幫忙？

待續 ➜ 7.

79

AM 博士實驗室 # 紅外線進階小實驗

可以在家中試試啊！

1. 紅外線反射法

所需工具：電視機、電視機遙控器、鏡子

a. 利用電視機遙控器開啟或關掉電視機。

b. 遙控器移向電視機的另一方，令按掣後電視機沒有任何影響。

c. 把平面鏡放在遙控器前方，調校鏡面的方向，令遙控器可以重新控制電視機。

目的：探究紅外線的反射性質。

2. 拍攝紅外線

所需工具：電視機遙控器、有前置和後置鏡頭的手機

a. 拿起一個電視機遙控器，按住開關按鈕。

b. 分別用手機的前置鏡頭和後置鏡頭拍攝遙控器，然後比較兩張相片的分別。

目的：運用手機的前置鏡頭拍攝紅外線的發射情況。

預測：紅外線是肉眼看不見的。一般手機的後置鏡頭內置了紅外線濾鏡，隔絕了紅外線，所以相片拍不到遙控器發出的光點；而大部分前置鏡頭都沒有濾鏡，所以應可拍到遙控器前方的紅外線光點。

劍擊場館
調查任務

～一納米等於一顆米的大小嗎？

拆解「納米」迷思概念挑戰題

以下有關「納米」的迷思，你認同嗎？
在適當的方格裏加✓吧！

	是	非
A. 納米是指非常細小的粒子。	☐	☐
B. 納米是長度單位。	☐	☐
C. 納米的意思是指物件與食米差不多大小。	☐	☐
D. 一米等於十億納米。	☐	☐
E. 病毒非常細小，其直徑是納米級數。	☐	☐
F. 池塘的蓮葉表面有很多納米級別的超微小突起結構，令雨水在上面形成水珠，吸附灰塵滾出葉面。	☐	☐

正確資料可在此章節中找到，或翻到第 144 頁的答案頁。

雅典娜的爸爸雅枝竹先生，是科技產品巨頭「黑月集團」的高層，而黑月集團正是今屆月球奧運會的主要贊助商。現在奧運會發生了混亂，雅先生急忙聯絡豐色教授協助。

 豐色教授　雅先生，今天應是法定的休息日，你也太操勞了吧？

 雅先生　沒辦法，前總裁高風爵士因為昨晚的事件正接受調查，他已放下所有職務，而我成為了黑月集團的臨時行政總裁。

 豐色教授　但我的專門是生物科學方面，劍擊場館的事我能怎樣幫忙？

 雅先生　月球奧運委員會將於兩小時後召開緊急會議，討論是否因衞生安全問題而**中止奧運會餘下的賽事**。為了黑月集團的利益，我當然全力反對。

我想邀請妳以專家身分擔任獨立調查員，現在來一趟劍擊比賽場館調查衞生情況。

可以，但我不喜歡出席冗長的會議，我只會給你們寫書面報告。

施丹　好呀！我們也要一起去調查！

 雅先生　小朋友，這不是遊戲啊。豐色教授你也不批准吧？

 豐色教授　**當然批准**，他們是AM博士親自揀選的未來科學拯救隊，這是一個難得的學習機會，就讓他們一起去調查吧！

 雅先生　呀……難得豐色教授首肯，我同意讓你們來調查吧。

 豐色教授　愛蜜絲，你也來吧！到時幫我用棉花棒在整個劍擊場館採集環境樣本，然後帶返實驗室進行種菌化驗。

知道。

 雅典娜　爸爸，我也要來一起玩！

 雅先生　雅典娜你就不能來了，你不是科學拯救隊的成員啊。

今天你們全部都欺負我，好生氣啊！

哎呀，今天我們老是惹怒雅典娜，她不會怪責我吧？

 施丹　好吧！施汀、高鼎，我們快換上制服，**少年未來科學拯救隊，準備執行第一個月球任務！**

15 分鐘後 奧運劍擊場館

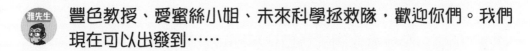

雅先生：豐色教授、愛蜜絲小姐、未來科學拯救隊，歡迎你們。我們現在可以出發到……

施丹：我知道！我們要到**二樓的男運動員後備洗手間**調查吧？

雅先生：沒錯，但施丹你怎會知道事發現場是後備洗手間？新聞報道應該沒有提及啊。

施丹：因為我今早就是在那地方暈倒的，也被Dr. O救醒了。可是新聞只報道王白選手他們暈倒，卻沒有提及我。

施汀：哈哈，哥哥你貫徹了「更快、更高、更強」的奧運精神，連暈倒也比奧運金銀牌選手來得快。

雅先生：什麼？早上竟然曾發生這樣的事，**Dr. O卻沒向我們報告。**

我發現整個場館都安裝了紫外線及光觸媒納米塗層的自潔門柄系統，應該合乎衛生標準。

這系統是於 2015 年由兩位香港中學生黃深銘及李鍵邦發明出來的。當年他們已贏得發明大獎，現在這系統更廣泛在地球及月球使用了。

雅先生　愛蜜絲小姐果然是三屆發明大賽金獎得主，馬上看出了重點。黑月集團為場館**所有可以用手接觸的表面，都採用了自潔技術來清潔**，所以沒有可能出現衛生問題的。

高鼎　那麼，為什麼你們的後備洗手間這麼臭？AI DOG 檢測到那裏的臭味值達到一百萬單位啊！

雅先生　厲害！你們連這個消息也查到了？我們發現**後備洗手間的沖水系統出現了問題**，臭味值甚至曾經達到**二百萬單位**啊！

施丹　什麼？二百萬單位的臭味值即是有多臭？

雅先生　不用擔心，機械清潔工已清理好淤塞的下水道，問題已解決……我們到了，請你們先進行一個衛生安全程序。

請先在全身噴上「納米塗層自潔保護噴霧」。

之後請戴上「納米頭套」及「納米口罩」，才可進入洗手間。

它們説什麼食米塗層，我聽不明白。

是納米，不是食米啊。

豐色教授　科學拯救隊，大家進去洗手間採集樣本吧！

 高鼎　嘩！洗手間現在的確臭味全消，我們可以安心調查了。

施汀你不也是來調查的嗎？為什麼不進去？

哈哈！我知道，施汀她害羞，即使男廁沒有人，也不肯進去。

我……我來調查這個紅外線體溫計……

半小時後……

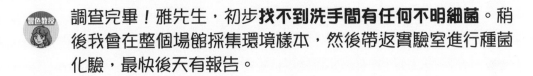 豐色教授　調查完畢！雅先生，初步**找不到洗手間有任何不明細菌**。稍後我會在整個場館採集環境樣本，然後帶返實驗室進行種菌化驗，最快後天有報告。

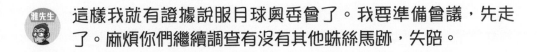 雅先生　這樣我就有證據說服月球奧委會了。我要準備會議，先走了。麻煩你們繼續調查有沒有其他蛛絲馬跡，失陪。

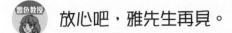 豐色教授　放心吧，雅先生再見。

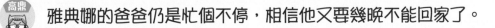 高鼎　雅典娜的爸爸仍是忙個不停，相信他又要幾晚不能回家了。

施丹　豐色教授，我剛才聽說到什麼食米塗層，那是什麼食物？

 豐色教授　是**納米**！你們知道什麼是納米嗎？

你們對納米的迷思概念真不少，我用AI DOG 2型請AM博士跟你們拆解一下吧……AM博士，你在不在？

 AM博士　AM博士在此！奧運場館中有新情報要告訴我嗎？

 施汀　博士，我們真的有很多新情報要告訴你，但你要先跟我們拆解什麼是納米。究竟它是形容詞、食物還是清潔用品？

 AM博士　**好，拆解科學迷思概念課程現在開始！**
AI DOG，AI DOG 2型，幫我準備一些量度工具！

在數學上，納米跟米和厘米等長度單位一樣，用來量度長度。

一道門約高兩米，門柄與地面之間的距離大約有一米。而**一米就等於一百厘米**，例如説：我 AM 博士差 25 厘米有兩米高了。

再小一級的長度單位就是毫米，**一厘米等於十毫米**，直尺上最小的一格就是一毫米。

那麼比毫米更小的單位是什麼？是**微米**，而比微米更小的單位就是**納米**了！大家可看看下面清楚的列表：

中文的寫法	數式	倒轉的數式
一米 等於 一百厘米	1m = 100cm	1cm = 0.01m
一米 等於 一千毫米	1m = 1 000mm	1mm = 0.001m
一米 等於 一百萬微米	1m = 1 000 000 μm	1μm = 0.000 001m
一米 等於 十億納米	1m = 1 000 000 000 nm	1nm = 0.000 000 001m

納米有多大？

我們可以打一個比喻，大家不妨想像一下，如果我把一個直徑一納米的粒子放在一個排球上，它們的比例就像把一個排球放在地球上了。

以下標度圖就展示了我們由日常生活到納米級數的物件比例：

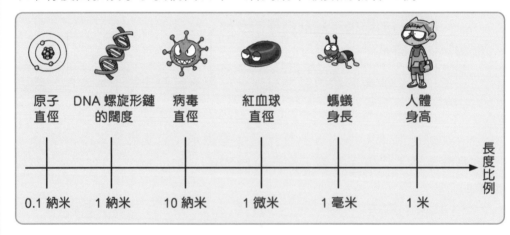

所謂「納米科技」是指操作長度短於 100 納米的物質之科學技術，當物質表面突起物的體積越來越細小，接近納米級數，其表面面積便會暴增，令物質的表面顏色、導電、傳熱、磁性及機械性質都會改變。

例如，有些蝴蝶的翅膀由納米級數的超微小通道、皺紋和腔洞構成，可令日光中不同顏色的光線，向不同方向反射和散射，所以令我們看到牠的翅膀在變色。

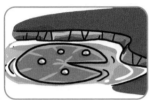

池塘的蓮葉表面也有很多納米級數的超微小突起結構，令雨水在葉面上隔着空氣層，不會浸潤到葉上，形成水珠滾動，並吸附灰塵滾出葉面，達到自潔的效果。

 AM博士 納米的知識說完了，你們快告訴我，獲得了什麼新情報！

 施汀 不好意思啊，我們現在還要忙着在全個場館採集環境樣本，之後寫報告給雅先生。沒時間向你報告了，再見！

 AM博士 什麼，你們別掛線……喂……

 豐色教授 咦？施汀，你怎麼了？突然變得這麼積極？

沒什麼，我只是想起商城站的地底購物城。如果早一步完成調查，就有多一分時間去購物了。

又是購物，早料到施汀不會這麼認真調查……

待續→8.

 **AM博士實驗室**

納米觀察小實驗

1. 從荷葉觀察納米效果

可以在家中或出外試試啊！

所需工具：荷葉、灑水器、水

a. 往街市購買新鮮的荷葉，或觀察公園池塘上的荷葉。

b. 在荷葉上噴水，觀察它形成水珠在葉上滾動。

c. 灑上細小的沙粒，然後再在葉上噴水，觀察滾動的水珠能否帶走沙粒。

目的：觀察蓮葉效應，蓮葉如何利用它的納米結構達到自潔的效果。

2. 從蝴蝶觀察納米效果

所需工具：蝴蝶標本

a. 觀察蝴蝶標本，或到公園的花間尋找蝴蝶。

b. 把眼睛湊向蝴蝶的翅膀，從不同角度觀察翅膀的變色效果。

目的：觀察蝴蝶具有納米結構的翅膀，如何產生變色效果。

地球神秘細菌入侵月球？

～ 薄荷可以降溫嗎？

拆解「薄荷降温」迷思概念
挑戰題

以下有關「薄荷降温」的迷思，你認同嗎？
在適當的方格裏加 ✓ 吧！

	是	非
A. 我們飲用冰凍飲料時，可以令身體降温。	☐	☐
B. 薄荷的主要成分為薄荷醇，具有特殊而清新的氣味。	☐	☐
C. 把薄荷膏塗在手上後，可以令手上的皮膚降温。	☐	☐
D. 薄荷醇可以令皮膚細胞產生混淆，令大腦產生涼快的感覺。	☐	☐

正確資料可在此章節中找到，或翻到第 144 頁的答案頁。

月球奧運委員會第一次緊急會議
即時會議紀錄

日　　期：2080 年 6 月 22 日（月球奧運會第 2 日）

時　　間：地球時間下午 5 時

地　　點：月球政府會議室

出席者：艾禮信先生（聯合國駐月球管理局主席）、

　　　　龍臣先生（月球奧委會會長）、

　　　　雅支竹先生（黑月集團臨時行政總裁）

　　　　Dr. O（醫學顧問）

記錄者：機械秘書

 艾禮信 勞煩各位在今天這休息日參與這緊急會議，抱歉我和龍臣先生只能以視像形式出席。事關重大，我們開始吧！

 龍臣 我邀請了 Dr. O 一起出席會議，他是月球寧靜海大學醫學院教授兼醫生，剛才也在會場參與兩位劍手的急救工作，找他當我們的醫學顧問最適合不過了。

 Dr.O 各位好，希望我的經驗能派上用場。

 雅先生 Dr. O，兩位選手王白和石月現時情況如何？

 我即場使用特製的**薄荷藥膏**為他們急救，之後把他們送往**寧靜海醫院的隔離病房**治理。現時**石月選手正發高燒**，情況不太樂觀。

 發高燒？為什麼會這樣？

 我懷疑石月選手感染了神秘細菌，我已針對這細菌，緊急研發**薄荷特效藥**。相信今日內就可完成，並會給他服用。

 令人難以置信！Dr. O，你認為細菌感染源頭在哪裏？

 兩位選手比賽後同時在場館內暈倒，我觀察過後備洗手間的衛生情況亦很差。**我估計神秘細菌應該來自後備洗手間，甚至整個劍擊場館！**

 我不同意！黑月集團為整個場館安裝了紫外線及光觸媒納米塗層的自潔門柄系統，完全合乎衛生標準。而且我找豐色廿口教授在場館調查過，她**找不到任何神秘細菌！**

 哼！豐色教授只是生命科學的學者，憑什麼亂給醫學意見！她憑肉眼認為沒問題嗎？我是醫生，也是博士，你是嗎？

 這……這個……

 我們要相信Dr. O！我認為場館衛生情況的不確定性存在高風險。大家認為明天開始餘下所有劍擊賽事都取消好嗎？

 我估計**神秘細菌是王白選手由地球帶來月球**，然後在劍擊場館傳染給月球的石月選手的。各位，我還有一個建議——

 好，這個建議好大膽但有效！我相信Dr. O……

 龍臣先生我還未說啊。我認為整個奧運選手村的運動員都有風險，所以建議把所有賽事取消。為防止地球帶來的神秘細菌傳播，**更要停止所有來往地球及月球之間的交通**！

我贊成，既然地球的王白選手是第一號病人……

 不不不……我知道王白選手並不是第一號病人！

 什麼？雅先生你只是黑月集團的代表，憑什麼亂給醫學意見！我是醫生，也是博士，你是嗎？

 第一號病人……是施丹才對！你今早在後備洗手間救醒了一個小學生吧？怎麼不向我們報告？

 你怎會知道的？我……我今早的確救過那個胖胖的小孩，但他只是沒有吃早餐而暈倒，並非感染神秘細菌。

 Dr. O 你怎麼在這事情上就這樣輕率？你憑肉眼認為施丹沒有感染神秘細菌嗎？

 Dr. O，你怎搞的？**為什麼會多了一個病人**……

 事到如今……算了，把那肥仔也帶去隔離病房觀察吧。

 什麼？施丹也要到隔離病房？這決定太隨便了吧？

 好！討論完畢。機械秘書你馬上發出新聞公告吧。

 知道，新聞公告由 AI 人工智能自動編寫中……

被無辜捲入了地球神秘細菌事件的施丹，早已完成了奧運場館的檢測工作，大夥兒身處商城站的地底購物城，享受着月球免稅區瘋狂購物的樂趣……

航天港站　太陽神站　開發區站　奧運站　商城站　大學站

黑月磁浮鐵路系統　寧靜海線

施汀 高鼎你別忘了，雅典娜現在在家中很生氣，連購物也沒心情出來。你要買點東西逗她開心啊！

 對啊，我竟忘了雅典娜同學！

 愛蜜絲 只怪施丹你啊，剛才連番取笑雅太太，太沒禮貌了。我們給她們買一些小禮物當作賠罪吧。

施丹 我說的是事實嘛。雅太太原來是個購物狂，而且不是精明消費者，竟花了這麼多錢來買一把什麼紫外線超級手槍。

 我剛才在一間小雜貨店用 2 個月兔幣就買了這枝三合一隱形墨水筆了！而且買二送一，我、高鼎和施汀每人有一枝！

三合一隱形墨水筆

在地球流行了近一百年的小文具。一端是普通墨水筆、另一端是隱形墨水筆。筆筒是紫外線電筒，可以發射紫外線令隱形墨水現形。

 豐色教授 嘩……這種隱形墨水筆就是我和AM博士小時候常玩的那一款。施丹你們尋找玩具果然有本領！

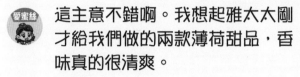 你們看這裏！有一間**薄荷專門店啊**，不如買一些薄荷食品給雅太太？也可當作手信帶回地球給 AM 博士。

  這主意不錯啊。我想起雅太太剛才給我們做的兩款薄荷甜品，香味真的很清爽。

我都說了，那不是雅太太做的，真正的廚神是那部食物立體打印機啊。

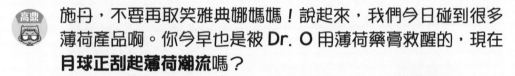 施丹，不要再取笑雅典娜媽媽！說起來，我們今日碰到很多薄荷產品啊。你今早也是被 Dr. O 用薄荷藥膏救醒的，現在**月球正刮起薄荷潮流**嗎？

 當然了！薄荷產品的淡綠色清新脫俗，薄荷的飲料又可以消暑。說起來，我也想喝一杯薄荷奶霜沙冰來降溫。

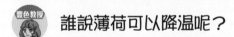 誰說薄荷可以降溫呢？

   當然可以，我們在天氣炎熱時，經常在身上塗抹薄荷膏來降溫啊。

既然各位對薄荷的概念都存在迷思，這裏又有一間薄荷專門店，紅外線熱成像體溫儀和薄荷膏都齊備，**拆解科學迷思概念課程現在開始吧！**

 **豐色教授 告訴你！**

消暑的薄荷？

薄荷的主要成分為薄荷醇（Menthol），由於具有特殊而清新的氣味，常被應用於化妝品和衛生用品，還可以用於菜餚、糕點和飲料製作。

人們飲食薄荷時，會有涼快的感覺。不過，這只是「感覺」，並不是實際溫度下降。

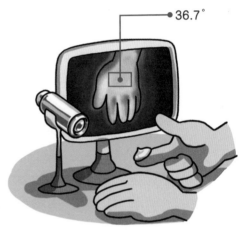

● 36.7°

大家可以用薄荷膏及紅外線熱成像儀來驗證，先把薄荷膏塗在手背上，然後再看看紅外線熱成像儀的溫度變化。大家雖然感覺手背很涼快，但只要看看熒幕上的紅外線熱成像，手背的溫度是沒有下降的！

皮膚是負責探測周圍氣溫、令大腦產生冷熱感覺的器官。皮膚細胞有溫度感受器，當探測到溫度下降到一定程度時，會發出信號給大腦，令大腦產生涼快的感覺。但是薄荷膏中的薄荷醇，其粒子的形狀，竟然巧合又神奇地令皮膚細胞的溫度感受器以為環境溫度降低，於是錯誤發出信息給大腦，令大腦同樣產生涼快的感覺，但實際溫度其實沒有改變。

 原來是我們的大腦被騙了嗎？

「嗶！嗶！嗶！」

突然，各人的智能手錶都傳出緊急信息的音效。不單是店內的客人，這緊急信息還傳遍了整個地底購物城的所有遊人！

2080 年 6 月 22 日 18:00	月球即時新聞	星期六（休息日） 農曆五月初五

疑似神秘細菌入侵？月球奧運會暫停！

因應劍擊金牌、銀牌選手王白、石月在場館中暈倒的事件，醫學顧問 Dr. O 認為二人極有機會感染了神秘細菌，而細菌可能隨參加奧運的選手從地球流入月球。為防止疾病爆發，月球奧委會決定暫停所有賽事，並安排所有運動員進行醫學觀察三天。

地球聯合國亦回應，為防止細菌回流地球，如證實疾病由神秘細菌所致，不排除收緊入境地球限制，停止所有來往地球及月球之間的交通！

劍手感染了神秘細菌？

月球奧運會暫停？

有可能停止地球和月球之間的交通？

愛蜜絲：事態急轉直下！雖然我們還未有整個場館的環境樣本報告，但剛才在洗手間的確找不到任何不明細菌啊。

豐色教授：竟然要暫停奧運比賽，還有可能停止地球和月球之間的交通？真的有這麼可怕的細菌從地球流入了月球嗎？

施汀：豐色教授！如果地球和月球之間的交通真的停止了，我即是回不了地球？不能再見到爸爸媽媽？不能再回校上課？

豐色教授：現在還言之尚早。不過你反倒不用擔心上學，如果你們真的回不了地球，可以繼續留在月球的寧靜海大學上課，然後利用元宇宙技術參加地球學校的考試。

愛蜜絲：既然你們是科學拯救隊的精英學生，可以跟豐色教授修讀特別課程，成績還可得到地球及月球兩地的學校承認啊。

那就太好了，那麼我就成為月球大學生、豐色教授的高徒，還是愛蜜絲姐姐的同學啊！

我服了你了，施汀在這個情況下還心想着學業……

高鼎：施丹！即時新聞還有下一頁的：「曾經去過劍擊場館的人士，請密切留意自己身體狀況。而月球寧靜海醫院現正尋找今早曾前往後備洗手間的小孩施 X……」

 施丹：施X？即是指我嗎？我終於成為新聞人物了……

正在興高采烈的施丹，他的話還未說完，突然感到肩膊被按住，然後身後傳來機械警察的聲音：

待續 → 9.

薄荷進階小實驗

可以在家中試試啊!

1. 薄荷膏降溫驗證

所需工具:薄荷膏(或薄荷味牙膏)、紅外線熱成像儀(或紅外線體溫計)

a. 先用紅外線體溫計探測並記錄手背的溫度。

b. 把薄荷膏塗抹在手背上,等候涼快的感覺出現。

c. 再用紅外線體溫計探測手背的溫度,比較溫度有沒有變化。

目的:驗證在皮膚上塗抹薄荷膏可帶來涼快的感覺,但並沒有真的降溫。

2. 薄荷膏延伸實驗

一. 把薄荷膏塗抹在身體不同的部分,探究身體不同的部分對涼快感覺的程度和敏感度有什麼不同。

二. 進食薄荷口香糖或用薄荷味牙膏來刷牙,比較口腔內的溫度變化,跟皮膚的情況有沒有分別。

隔離病房秘密任務

～ 熒光是怎樣產生的？

拆解「熒光」迷思概念挑戰題

以下有關「熒光」的迷思,你認同嗎?
在適當的方格裏加 ✓ 吧!

	是	非
A. 用隱形墨水筆在白紙上繪畫線條,我們就會看到熒光。	☐	☐
B. 用紫外線照射隱形墨水,隱形墨水與紫外線混合,產生化學作用,發熱及發出熒光。	☐	☐
C. 用紫外線照射隱形墨水,隱形墨水吸收紫外線後,再反射紫外線進入我們眼睛,令我們看到熒光。	☐	☐
D. 隱形墨水吸收高能量的紫外線,然後放出較低能量而肉眼可看見的光,令我們看到熒光。	☐	☐

正確資料可在此章節中找到,或翻到第 144 頁的答案頁。

晚上七點，施丹被機械警察帶到寧靜海醫院隔離病房的護士站前，幸好有豐色教授、高鼎和兩部已充電的 AI DOG 2 型同行，才免受驚恐。而施汀則跟隨愛蜜絲回到宿舍候命。

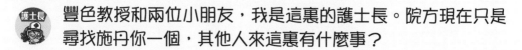 豐色教授和兩位小朋友，我是這裏的護士長。院方現在只是尋找施丹你一個，其他人來這裏有什麼事？

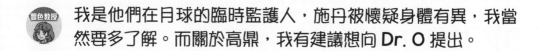 我是他們在月球的臨時監護人，施丹被懷疑身體有異，我當然要多了解。而關於高鼎，我有建議想向 Dr. O 提出。

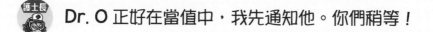 Dr. O 正好在當值中，我先通知他。你們稍等！

護士站

施丹，你進入隔離病房前，先跟你説清楚醫院規則，聽好！
1. 一天早午晚三餐，不准吃零食；
2. 晚上九點關燈睡覺，不准喧嘩；
3. 不准拍攝或分享資訊到社交平台；
4. 不准不準時服藥；
5. 不准騷擾其他病人；
6. 不准不准不准不准……

她一口氣説了這麼多個不准，究竟要説到何年何月？

豐色教授，難得妳大駕光臨，辛苦妳陪同小朋友到來！

不用客氣。關於今次神秘細菌事件，我也要向 Dr. O 你請教。

兩位小朋友，我們又見面了。施丹，我們想跟你進行三天醫學觀察。你不用緊張，跟護士長進去就行。

Dr. O，沒問題啊。不過，護士長還沒說完她的規則……

Dr. O，因為高鼎今早也進入過後備洗手間，我建議他也留下檢查和接受觀察，以策安全，這樣好嗎？

高鼎？我記得他今早身體沒有不適，不用入院檢查了。

但……但我今早在洗手間喪失了嗅覺，說不定也受到你說的神秘細菌感染……

什麼？我是醫生，也是博士，你們憑什麼亂給醫學意見？你們只是、只是……

我「只是」一位**諾貝爾生物學獎兼邵逸夫生命科學與醫學獎**得主；而高鼎「只是」**地月盃創新發明大賽的金獎**得主。你認為夠不夠資格呢？

唉⋯⋯好吧。我批准高鼎也進入隔離病房進行醫學觀察吧。護士長，稍後有哪些真人護士當值？請你通知她們。

報告 Dr. O，現時晴朗，今晚密雲、明早雷雨。

護士長，我不是問你地球天氣預報。

Dr. O 你誤會了。現時由本人**程朗**當值至今晚 11 時，之後接手是**麥芸**護士，到明早 7 時起是**雷羽**護士。

哈哈哈！原來你是姓程的程朗護士長！

⋯⋯你們的名字我記不了，那麼護士長請你替兩位小朋友辦入院手續吧，之後為他們作全天候監測，每天給我報告。

你說月球受到神秘細菌感染，可給我資料嗎？

暫時一切保密。

你需要參考我在場館採集的環境樣本報告嗎？

暫時不用。

你的薄荷特效藥，需要我一起合作研究嗎？

暫時不需要。

　　豐色教授碰了一鼻子灰，與施丹和高鼎道別並離開醫院後，隨即用 AI DOG 2 型聯絡地球的 AM 博士。

 AM博士 豐色教授，你在醫院找到什麼神秘細菌的線索嗎？

 豐色教授 Dr. O 的態度很冷淡，沒透露任何消息。但幸好我們成功把高鼎和施丹連同 AI DOG 2 型混入隔離病房。

 AM博士 做得好！既然施丹被強制帶到隔離病房，我們唯有將計就計，從核心搜索機密資料。希望他們能帶來有用情報吧。

1 小時後……

 施丹 各位在線嗎？我是科學拯救隊的男隊長，這是來自寧靜海醫院4號隔離病房的信息！

 高鼎 我是3號病房的高隊長，在男隊長隔壁！各位聽到嗎？

收到！我們用 AI DOG 2 型聽得好清楚！

AM博士　你們的身體情況如何？有任何病徵嗎？有沒有發燒呢？

 施丹　一切正常，剛才還吃了醫院的健康晚餐。食慾也正常。

 高鼎　我們沒有發燒，但快要悶到發慌了！就好像坐牢一樣，病房裏只有一張病牀和沐浴間，活動範圍不足十平方米。幸好牆壁是用巨大玻璃製成，我們才能互相見面和打招呼啊。

 施丹　別說了，我們用AI DOG 2型把這裏的情況拍照，然後傳送給你們。看看2號病房的病人是誰吧！各位觀眾，有請——

地球和月球最強劍擊手——王白選手啊！

金牌選手是我們的鄰居！這是我們的合照啊！

113

施汀 玻璃房間真浪漫！你們還跟王白選手為鄰，真令人羨慕！

 AM博士 王白選手的樣子看來也是精神飽滿，他沒事我就安心了。

 雅典娜 那麼，布幕後面是 **1 號病房的月球劍手石月吧**？高鼎為什麼你沒有邀請他一起合照呢？

 高鼎 雅典娜同學你別誤會啊。聽說石月選手現時正在發高燒，所以落下布幕，免被騷擾。

 豐色教授 **石月選手發高燒，但王白選手醒過來後就精神飽滿**，而你們也一切正常？這神秘疾病的病徵真飄忽，太古怪了。

 施丹 AM博士，現在怎麼辦？有沒有刺激的任務給我們？

 AM博士 王白選手在你們的隔壁就太好了，我有很多疑問要他解答。可以把AI DOG 2型轉交給他嗎？

 高鼎 不行啊，我們不能互相接觸，護士長的巡查好嚴格。而且房間的隔音系統很強，王白選手聽不到我們的說話啊。我和施丹也只能透過AI DOG 2型才能通話。

 施汀 那怎麼辦？你們有辦法給他傳話嗎？

 我們有剛才在地底購物城購買的隱形墨水筆！你們稱讚我準備周全吧！

 豐色教授 施丹，你的主意太好了！竟可以活用這枝隱形墨水筆。

 施汀 博士，我有疑問！隱形墨水和紫外線本來都看不到，但為什麼我們用紫外線照射隱形墨水，反而會看到它出現熒光？

 雅典娜 這是因為隱形墨水反射紫外線進入我們的眼睛？還是它們混合後發熱和發光呢？

全部都不對。我就趁現在為大家解開熒光的秘密吧！**拆開科學迷思概念課程現在開始！**

熒光與紫外線

正如第五章的課程所言，用紫外線照射一些衣服、白紙、湯力水等物件時，它們會發出熒光。這是因為有些洗衣粉和紙張加入了熒光增白劑，用來吸收紫外線，然後發射出熒光，令物品看起來變得潔白了。

而湯力水含有微量稱為奎寧 (Quinine) 的物質，當受到紫外線照射，奎寧分子中的一些電子首先被激發，隨即回復並放出較低能量而肉眼剛可看見的藍色熒光。

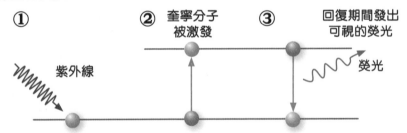

① ② 奎寧分子被激發 ③ 回復期間發出可視的熒光
紫外線 熒光

隱形墨水的原理也一樣，雖然它是透明的液體，但裏面混入了肉眼看不見的熒光物質。當隱形墨水受到紫外線照射，隱形墨水中的一些電子首先被激發，隨即回復並放出較低能量而肉眼剛可看見、有顏色的熒光。

熒光
紫外線 熒光物質

施丹　博士，那麼我們現在的任務是什麼？

 AM博士　我懷疑 Dr. O 對神秘細菌的說法有誇大，想看看選手們的醫療數據。報告應放在他們牀尾的收集箱中，高鼎你用我的名義傳話給王白選手，請他把報告展示給你看。

 高鼎　但那些報告全是數字，我應看不懂，怎麼辦？

 豐色教授　請放心，你用 AI DOG 2 型拍下並傳給我們，我們看得懂。

　「噗」的一聲，施丹和高鼎眼前突然漆黑一片，原來已到了晚上九點的關燈時間。高鼎只好裝睡，待護士長沒有留意時，稍稍亮起紫外線電筒，引起隔壁王白選手的注意。

報告博士！王白選手看到你「AM」的名字後表情很雀躍，但對我那段信息卻一臉茫然，他好像看不明白。

 當然！你在玻璃上寫的字，王白看起來是「橫向倒置」的！

 橫……橫向倒置？即是什麼？

 即是左右掉轉！因為「AM」兩個字的形狀左右對稱，所以左右掉轉後也沒有改變，他才看得明白啊。

 這種文字又稱為「鏡像文字」，歷史上寫鏡像文字最擅長的人，便是 15 世紀意大利的達文西了。

 怎麼辦？我們現在怎樣教王白選手看懂鏡像文字呢？

 雅典娜！就由我來做達文西吧——我寫鏡像文字，令王白選手看到正常的信息吧！讓我慢慢寫……

 可是高鼎寫得太慢了，這樣很容易被護士長發現的……呀！她望過來了，高鼎，快關上紫外線燈！

3 號和 4 號隔離病房的小朋友！你們過了晚上九點不睡覺、又在亮着奇怪的燈光、又用一隻機械狗來拍照、又不服藥、又騷擾 2 號病房的病人，你們犯了規則 2、3、4、5……

 護士長她走過來了……好吧，讓我跳出獨創的觸電舞，分散她的注意力！高鼎你繼續專心寫鏡像文字吧。

 哥哥你太不擅長跳舞了，這樣很難得到護士長注視的。讓我幫你一把——AI DOG 2型，傳送觸電信息！

 施丹收到信息後 5 秒沒有回覆——**觸電信息啟動！**

護士長 哈哈哈……我很久沒有這樣大笑過,真暢快!今次就饒了你們吧,別玩太夜啊。反正你們這麼精力充沛,根本不像Dr. O 說的神秘疾病病人……

 施丹 身體好麻痺……但太好了,護士長回到座位,不理我們了。

 高鼎 我也成功了!王白選手終於看得明我的信息,把他的醫療數據報告放到玻璃前。我已拍照,現傳送你們,任務完成!

 豐色教授 你們做得好!我和AM博士立即研究那份報告!

30 分鐘後……

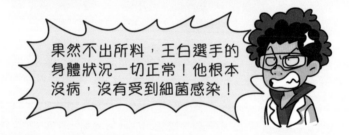

果然不出所料,王白選手的身體狀況一切正常!他根本沒病,沒有受到細菌感染!

 施汀 真的嗎?但是王白選手今早真的在洗手間中暈倒了啊!

 施丹 為什麼Dr. O要說謊?我想起他今早對我們很慈祥,但剛才在護士站當我們反對他的意見時,他卻很生氣……

 AM博士 高鼎,現在沒時間跟王白說明了,但是請你再給他一個信息——**不要吃藥!**

 高鼎 知道!

博士，太遲了！王白選手用手勢表示，**他已吃過兩次特效藥！**

 沒辦法，那麼唯有叮囑他，之後三日的藥都不要再吃了，把它們放在牀褥下吧！你們兩個也要照做，現在先關機吧。

  收到！各位晚安。

* * * * * *

 博士，我有個壞消息要悄悄地告訴你。我把王白選手的報告放大了，你看看最底的一句……

證實：王白選手在賽前服用禁藥

Dr. O 簽署

2080/6/22

真的假的？王白選手怎可能服用禁藥？

究竟他們哪一個才是說實話呢？

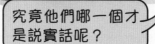

待續 → 10.

熒光進階小實驗

可以在家中試試啊!

1. 湯力水熒光實驗

所需工具:二合一隱形墨水筆、湯力水、透明小膠杯

a. 準備一枝隱形墨水筆,一端是隱形墨水,另一端是紫外線小電筒。(一般文具店有售)

b. 準備湯力水。(超級市場有售)

c. 把湯力水倒進透明小膠杯,開啟紫外線小電筒,照射杯內的湯力水。

d. 用肉眼觀察,湯力水在紫外線照射下顯現的藍色熒光。

目的:驗證食品中含有熒光物質,並會跟紫外線產生反應。

2. 熒光筆實驗

所需工具:不同顏色的熒光筆、二合一隱形墨水筆、印有間條紋的紙張

a. 用不同顏色的熒光筆在條紋紙上,繪畫不同的顏色線條。

b. 開啟紫外線小電筒,照射條紋紙上的顏色線條。

c. 用肉眼觀察,顏色線條顯現熒光,而紙上原有的條紋沒有發出熒光。

目的:驗證熒光筆的墨水含有熒光物質,並會跟紫外線產生反應。

碧月薄荷特效藥面世?

～ 所有細菌都是有害的嗎?

拆解「細菌」迷思概念挑戰題

以下有關「細菌」的迷思，你認同嗎？
在適當的方格裏加✓吧！

	是	非
A. 所有細菌都有害，令我們生病。	☐	☐
B. 人體大腸、小腸內藏有很多細菌。	☐	☐
C. 生長在未成熟的葡萄表皮上的細菌，稱為金黃葡萄球菌。	☐	☐
D. 如果我們吃了未經煮熟的雞蛋，有機會感染沙門氏菌。	☐	☐
E. 在人類的鼻孔和皮膚都有機會找到金黃葡萄球菌。	☐	☐
F. 人類會利用酵母菌烘焙麵包。	☐	☐

正確資料可在此章節中找到，或翻到第 144 頁的答案頁。

AM 博士以地球的研究所為基地，綜合了各人從月球傳來的情報後，閉關起來，推理事件的來龍去脈……

為什麼奧運海報被畫花了？

場館的後備洗手間為何無故傳出惡臭？

王白和石月選手為何在洗手間暈倒？

石月選手為何會發高燒，但其他病人卻無半點病徵？

為何報告顯示王白曾服用禁藥？

Dr. O 和月球奧委會究竟在這事件有什麼角色？

3日後……

2080 年 6 月 25 日 20:00　**月球即時新聞**　星期二（工作日）農曆五月初八

月球奧運會新聞中心特別發布會

~ 公布月球奧運會最新安排

~ 公開神秘細菌最新研究成果

The Moon 2080

哥哥，高鼎！你們終於趕到了，特別發布會即將開始了！

 這三天悶死我們了！我們終於順利捱過隔離觀察期，一出院就跟愛蜜絲姐姐趕來這會場啊！

* * * * * *

 各位記者朋友，特別發布會現在開始了！本人月球奧委會會長龍臣，首先宣布一個好消息——**月球奧運會由後天起恢復舉行**！現在有請大醫生 Dr. O 為大家說明！

 各位，早前我們月球的確受到前所未有的神秘細菌入侵，但現在大家可放心了，它已被完全撲滅。

 神秘細菌已被完全撲滅？即是我們可以回到地球重過正常生活了？這雖然是好消息，但過程順利得太過分了吧？

 施汀，我作為主力贊助商的代表也是一頭霧水。不過月球奧運會重開總算是好消息，否則黑月集團真的會損失慘重。

 Dr. O，你可以解釋一下神秘細菌是什麼嗎？

 那神秘細菌我稱之為細菌 O。請看看，這就是它在顯微鏡下的影像，它貌似沙門氏菌及金黃葡萄球菌，相信是由地球的運動員帶來這裏的。不過……

細菌 O

各位可放心，我手上的兩個新產品可以完全撲滅這種細菌！

月球奧運花劍金牌選手 王白

月球奧運花劍銀牌選手 石月

月球奧委會會長 龍臣

寧靜海醫院隔離病房護士長 程朗

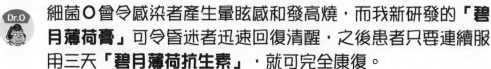

Dr.O 細菌O會令感染者產生暈眩感和發高燒，而我新研發的**「碧月薄荷膏」**可令昏迷者迅速回復清醒，之後患者只要連續服用三天**「碧月薄荷抗生素」**，就可完全康復。

記者 你的兩個新產品都叫「碧月」，有什麼意思呢？

Dr.O 這是為紀念金牌和銀牌選手戰勝細菌O，**我把他們的名字「王白」和「石月」合拼成「碧月」**，而且已註冊了商標！

太奇怪了?怎麼這個發布會變成了廣告節目似的?

 王白和石月選手。你們能說說服藥和抗病期間的感受嗎?

 我先說吧!這幾天一直在發燒,苦不堪言。全靠服用了碧月薄荷抗生素,我才能退燒並康復過來。王白,你也一樣吧?

 我⋯⋯我沒有補充⋯⋯

 王白選手為什麼這樣吞吞吐吐?他這幾天明明好健康的!

 Dr. O,那麼你的碧月系列藥物,什麼時候會正式發售呢?

突然,豐色教授手上的 AI DOG 2 型傳出 AM 博士的聲音,破壞了大會的流程!

等等!這產品能否發售,要先問我 AM 博士!

 AM 博士是你!你⋯⋯沒資格在這裏說話啊!

 Dr. O,且慢!我邀請了 AM 博士及豐色教授以專家身分代表黑月集團,請他們為我們拆解事件所有迷思!

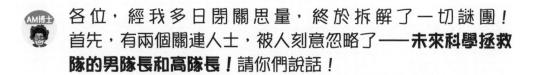

AM博士：各位，經我多日閉關思量，終於拆解了一切謎團！首先，有兩個關連人士，被人刻意忽略了——**未來科學拯救隊的男隊長和高隊長！**請你們說話！

施丹：我是男隊長施丹，我在當天比兩位劍手更快更早，就在那洗手間暈倒了，但 Dr. O 只診斷我是沒吃早餐而導致低血糖。

高鼎：我是高隊長高鼎，當天我也有進入那洗手間，也一起接受了隔離觀察。三天來我們故意不吃特效藥，卻沒有任何反應。

Dr.O：你們這兩個小鬼憑什麼亂給醫學意見！有沒有受細菌O感染、有沒有發燒不是病人自己口講，要看醫學報告的。

豐色教授：各位，我是豐色女口教授！我已經對比過施丹、高鼎和王白選手的醫學報告，他們的身體狀況全部正常，沒有發燒、沒有感染什麼細菌O，根本與 Dr. O 的特效藥沒有關係！

我在當日於劍擊場館採集的環境樣本也有結果了！衛生標準合格，完全找不到什麼細菌O。

愛蜜絲：Dr. O，我們感激你當天把施丹救醒。你是個好醫生，但你**借這事件來欺騙世人，引起新聞關注來行銷**，是不對的啊。

Dr.O：你們竟偷取醫院的文件！護士長，你有好好監管他們嗎？

護士長：我只可以證明他們說的，跟醫療報告一致。而且資料是屬於他們的，只要在病人本人的同意下取用，就不算是偷。

Dr.O：什麼！護士長你⋯⋯你背叛我！

護士長：我是專業的護士，不會背叛醫學。Dr. O 你近年背棄本業，連我們護士的名字也記不到，是時候回頭是岸了。

Dr.O：可惡！還有你！王白你是被他們強逼交出醫療報告吧？

王白：這⋯⋯這個⋯⋯

Dr.O：王白選手你小心一點說話，否則我就把你的秘密說出來！

王白：算了，你要說就說吧，我不能欺騙愛戴我的人！**我以金牌選手的名義發誓，我沒有發過燒，我不是靠特效藥來治好的！**

石月：哈哈，王白，你沒資格取金牌。「碧月薄荷特效藥」不用你的名字了，只叫「石月薄荷特效藥」就行！

石月你住口！王白師弟，你不用怯慌，**我證明到你是無辜的。**

 啊，AM 師兄！

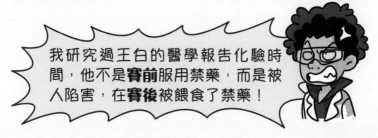 我研究過王白的醫學報告化驗時間，他不是**賽前服用禁藥**，而是被人陷害，在**賽後被餵食了禁藥！**

 石月！你記得洗手間門口的海報嗎？我已經用超高清鏡頭辨認出上面的痕跡，是由你的專用劍的劍尖做成！**畫花海報的人就是你！**

石月 你別吞血噴人！我有什麼必要這樣做？

 你畫花那張海報，就是要**做記號給你的同黨**，約定在那個後備洗手間**把王白選手迷暈，然後陷害他！**

 說起來，當日比賽後我正想去洗手間，但石月很虛心地說要跟我請教劍招，然後就引領我到了那後備洗手間⋯⋯

石月 胡說！我跟王白都是進入洗手間後暈倒的，我也是受害者！

 不！後備洗手間的沖水系統淤塞是人為造成的，以致臭氣熏天，累積到極高濃度後，你就引領王白選手先進入洗手間，**然後把他臭暈！**

記者 臭暈?洗手間的臭味可以令人暈倒嗎?我們不相信!

 AM博士 當日早上我們測量過,洗手間臭味數值已達到一百萬單位,令沒吃早餐的施丹暈倒了。到中午臭味越來越濃烈,達到二百萬單位,足以令人倒下!

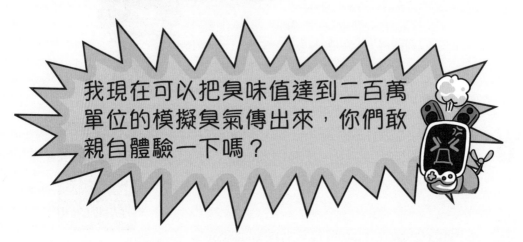

我現在可以把臭味值達到二百萬單位的模擬臭氣傳出來,你們敢親自體驗一下嗎?

　　全場人士聽到 AI DOG 的話後,為了自己的鼻子着想,沒有人敢接受它的挑戰,變得鴉雀無聲。然後,石月選手再打破沉默。

 石月 我才沒心情跟你做實驗,你竟在這裏誣蔑我!

 AM博士 是你想誣蔑王白才對!他被臭暈後,你就**裝作一同暈倒和發高燒**。Dr. O 看準時間出現,把王白送到醫院後就給他餵食禁藥,製造對他不利的報告,這樣便可以威脅他!

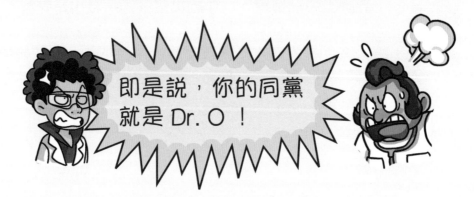

即是説,你的同黨就是 Dr. O!

132

AM 道出 Dr. O 和石月合謀的計劃後，在場的記者和 Dr. O 還來不及回應，第一個出聲的卻是——月球奧委會會長龍臣！

 Dr. O 和石月！你們的行為太令我失望了。你們為了誣衊王白選手，竟胡說月球被神秘細菌入侵，還令月球奧運中止！

 龍臣你這卑鄙的傢伙，竟然第一時間跟我割席？記者們，快上萬能網搜尋**神農氏大藥廠的幕後老闆**是誰？正是**龍臣**啊！

龍臣才是事件的幕後黑手！

都是 Dr. O 的錯！我的藥廠只想借金牌劍手宣傳新藥，你卻誇大什麼神秘細菌！

都是石月的錯！你技不如人失去金牌，還要我大費周章替你善後！

都是龍臣的錯！他知道我失掉金牌後，就馬上要跟我解除藥廠的代言人合約啊！

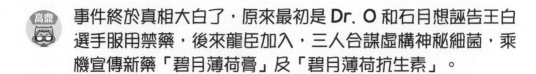

高鼎：事件終於真相大白了，原來最初是 Dr. O 和石月想誣告王白選手服用禁藥，後來龍臣加入，三人合謀虛構神秘細菌，乘機宣傳新藥「碧月薄荷膏」及「碧月薄荷抗生素」。

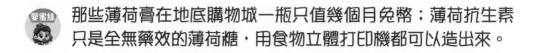

愛蜜絲：那些薄荷膏在地底購物城一瓶只值幾個月兔幣；薄荷抗生素只是全無藥效的薄荷糖，用食物立體打印機都可以造出來。

施丹：他們只**因貪念而杜撰神秘細菌入侵月球的假象**，太自私了！

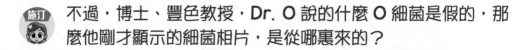

施汀：不過，博士、豐色教授，Dr. O 說的什麼 O 細菌是假的，那麼他剛才顯示的細菌相片，是從哪裏來的？

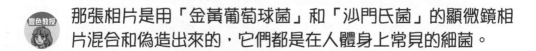

豐色教授：那張相片是用「金黃葡萄球菌」和「沙門氏菌」的顯微鏡相片混合和偽造出來的，它們都是在人體身上常見的細菌。

葡萄上有細菌？那我以後不吃葡萄了！

人體身上常見的細菌？那麼我們不是很危險？

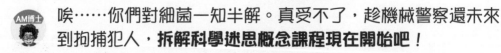

AM博士：唉……你們對細菌一知半解。真受不了，趁機械警察還未來到拘捕犯人，**拆解科學迷思概念課程現在開始吧！**

惡菌與益菌

以下介紹一些大家在平日經常聽到並「接觸」到的細菌：

沙門氏菌

以 1885 年美國病理學家沙門（Salmon）命名（跟三文治、三文魚無關！）。從電子顯微鏡觀察，其形狀為桿形，所以又名沙門氏桿菌。

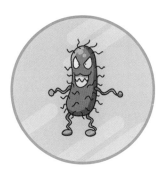

它具有鞭毛，善於運動，通常存在於雞蛋、奶類製品以及家禽、豬和牛的腸臟中，但它不耐高溫，煮沸五分鐘便可將它殺死。如果我們吃了未經加熱殺菌處理的雞蛋和奶類製品，或未熟的肉類，就有機會感染沙門氏菌，通常會在 12 至 72 小時內出現腹瀉、發燒、嘔吐與腹痛等症狀。

金黃葡萄球菌

它的形狀為球體形，排列成葡萄串狀，在「培養基」上培養時，會產生金黃色的色素，因此名為金黃葡萄球菌。

它在自然界中無處不在，空氣、水、灰塵和動物的排泄物中都可找到，通常存在於人類的鼻孔、咽喉、頭髮和皮膚。如果人們在如廁、打噴嚏後，沒有洗手便去處理食物，身上的金黃葡萄球菌就有可能傳播到食物上。假如食物沒有徹底煮熟，或在室溫下存放過久，金黃葡萄球菌便會迅速繁殖並產生毒素，人們吃下後便會中毒。

大腸桿菌

一種主要寄生於人類和其他動物大腸內而得名的細菌，它的形狀為短桿而兩端鈍圓。大腸桿菌經常透過人和動物的糞便排放而散布到環境或海洋中，負責環境保護的部門會抽取海水樣本進行大腸桿菌含量測試，根據它的含量評定泳灘水質。

各種益菌

不是所有細菌都對人體有害的，也有一些對人體有幫忙的益菌。例如，我們可透過飲用活性乳酸飲料來攝取**活性益生菌**，它們是人體腸道中的正常菌羣，反而可以抑制其他致病菌的生長，維持腸道菌羣的平衡。

酵母菌也是益菌的一種，人們用它們來烘焙麵包及釀造酒精，已有很悠久的歷史。

洗脫嫌疑的王白選手越過記者羣，走到科學拯救隊的身前，借用了他們的 AI DOG 2 型向 AM 博士道謝。

 王白 AM 師兄，太感激你了，幸好有你為我洗脫嫌疑。

 AM博士 師弟，你獲得金牌是實至名歸的！我才要感激你在月球低重力環境使出我的「飛流九天」，驗證到我的假設成立……

石月！你們還有心情說笑！**我不認輸，我們再鬥一場！**

 石月？你為了誣告我而闖出大禍，現在還不肯認輸？

 石月，算了吧。雖然我們也想看看你有什麼能耐可以反勝王白，但這裏只是新聞中心，沒有任何設備，怎樣比試？

 有機會，設備沒問題！黑月集團最新的**元宇宙 MR 混合實境立體劍擊系統**，可以讓你們進行虛擬比試！大家要見識嗎？

 我完全聽不明白，但總之可以決鬥就行！王白，快來！

 AM 博士，這系統容許地球和月球的玩家同時線上對戰。我把擂台的環境設定為月球重力，你們可以公平地比試了。

137

史上第一場元宇宙 MR 混合實境立體劍擊系統的公開比賽，地球代表 AM 博士對月球代表石月。兩位已經在線，比賽只戰一個回合，限時三分鐘，開始！

 雅先生　各位地球和月球的觀眾，讓我先介紹黑月集團這個 MR 系統。它是結合了虛擬實境 VR 和擴增實境 AR 的混合實境。兩位玩家連線上萬能網，配合動作和腦電波，便可操作虛擬劍手在元宇宙虛擬空間對戰，過程會以立體影像呈現。

 石月　AM 博士我不知道你是誰，但你敢挑戰我，簡直是不自量力！

 AM博士　少年，你太年輕了！我就是 2068 年奧運會的花劍銀牌得主，是你的前輩啊！王白正是我的得意師弟，他擊敗你的一招「飛流九天」就是我創出來的！

石月　好！既然如此，我就先打敗你！

施丹 石月他一開始就採取主動，快速攻擊。他在這個元宇宙虛擬空間中，動作比實體比賽時幅度更大，攻勢更猛烈啊！

 豐色教授 幸好 AM 博士有的是經驗和耐性，他以退為進，以小跳躍作試探，熟練地一招一招化解了石月的攻勢。

 高鼎 這個雖然是虛擬比賽，但二人要用腦電波和動作控制，也是需要體力的。AM 博士已經一把年紀了，他支持到三分鐘嗎？

 AM博士 呼……石月你果然有點本事，這麼快就適應了這元宇宙虛擬空間和重力，操作得這樣靈活。

 石月 哈哈！疲倦了嗎？你只懂防守，招架得住我的招式嗎？看招！弓步凌空直刺！

 AM博士 我看穿你這一招了！

AM 博士早有防備，一躍閃開！

在低重力的虛擬環境下，AM 博士跳得更高，停留在空中的時間更長。

電擊飛流九天！

滋！

噗！

好痛！我全身動不了！

雅先生 忘了跟兩位說，在元宇宙內的虛擬劍手中劍時，現實的玩家同樣會感到痛楚的。石月中劍後麻痺了，無法再戰。比賽結束，我宣佈 —— **AM博士勝出！**

AM博士在全地球和月球的觀眾目睹下，以正宗的「飛流九天」致勝，網絡上掌聲雷動！

 高鼎 博士了不起！竟然混合了「觸電信息」的元素，把「飛流九天」加載了電流攻擊，令石月麻痺而無法戰鬥。

 施汀 博士，我們相信你是王白選手真材實料的師兄了！今日豐色教授還全程在旁欣賞和旁述，你應該心滿意足了吧？

 豐色教授 **AM博士，我以你為榮！**

 AM博士 哈哈！我早說了「飛流九天」是無敵的！不過我最近睡眠不足，真的很累，所以必須速戰速決才能堅持得住這場比賽。

 石月 可惡！我不承認這個奇怪的系統和招式，我沒可能輸的！

同時間，解除連線的石月乘大家不備，竟然拿劍刺向王白！

141

石月不慎吸入了臭味值達到二百萬的模擬臭氣後，不支倒地。就這樣，科學拯救隊實驗成功，向大家證明臭味是會令人暈倒的！

 AM博士　石月你這冥頑不靈的傢伙，你就乖乖跟 Dr. O 和龍臣一起，等着被機械警察拘捕、接受制裁吧！

 施汀　想不到我還可以親身保護我的偶像王白選手呢。太感動了！

 豐色教授　未來科學拯救隊，你們今次月球之旅屢立大功。月球奧運會完結後，**8 月就是月球首次舉辦的世界博覽會了！**今個暑假你們就留在月球學習，然後代表寧靜海大學參展吧。

 施丹　 施汀　 高鼎　好呀！謝謝豐色教授的賞識和提攜！

 高鼎　呀！但雅典娜的偶像是月球劍手石月，現在他形象盡毀，她一定很傷心了。怎樣安慰她好呢？博士，我推薦她加入科學拯救隊可以嗎？

 施丹　博士，你就幫高鼎一個忙，再增添一位月球隊員吧！

我考慮一下吧，不過你要先帶一盒月球薄荷甜品回來給我當手信啊！

第三冊《碧月薄荷大謎團》 · 完

益菌進階小實驗

可以在家中試試啊！

1. 益生菌試味

所需工具：不同牌子的益生菌飲料、紙、筆

a. 購買不同牌子的益生菌飲料。

b. 把每種飲料各喝一口，比較味道、甜度和口感，並檢查各包裝上食物標籤的成分有沒有分別。

目的：比較不同牌子的益生菌飲料（活性乳酸菌飲料）的味道和口感。

2. 酵母粉比較

所需工具：不同牌子的酵母粉、紙、筆

a. 往超級市場調查不同牌子的酵母粉。

b. 抄錄不同牌子酵母粉的售價及包裝上食物標籤的成分。

c. 計算和比較哪個牌子的酵母粉的平均售價最便宜。

目的：比較不同牌子酵母粉的平均售價

破解迷思概念挑戰題答案

1. 「嗅覺」迷思概念

   A. 非；B. 非；C. 是；D. 是；E. 是

2. 「重量與質量」迷思概念

   A. 是；B. 是；C. 非；D. 是；E. 是

3. 「導電體與絕緣體」迷思概念

   A. 是；B. 非；C. 是；D. 是；E. 是

大家來檢查每一章節挑戰題的答案吧！最重要是求真的精神。

4. 「水的種類」迷思概念

   A. 是；B. 非；C. 是；D. 是；E. 非

5. 「紫外線」迷思概念

   A. 非；B. 非；C. 是；D. 是；E. 非；F. 是

6. 「紅外線」迷思概念

   A. 非；B. 是；C. 是；D. 非；E. 非；F. 非

7. 「納米」迷思概念

   A. 非；B. 是；C. 非；D. 是；E. 是；F. 是

8. 「薄荷降溫」迷思概念

   A. 非；B. 是；C. 非；D. 是

9. 「熒光」迷思概念

   A. 非；B. 非；C. 非；D. 是

如果百思不得其解，就把那一章節再看一遍，重新挑戰吧！

10. 「細菌」迷思概念

   A. 非；B. 是；C. 非；D. 是；E. 是；F. 是